U0187769

华东两栖爬行类多样性保护研究系列

Herpetological Biodiversity Conservation Research Series in East China

# 君子峰两栖爬行动物

## Amphibians and Reptiles in Fujian Junzifeng National Natural Reserve

丁国骅　汪艳梅　吴延庆　朱滨清　编著

中国农业科学技术出版社

**图书在版编目（CIP）数据**

君子峰两栖爬行动物 / 丁国骅等编著 . -- 北京：中国农业科学技术出版社，2022.1

ISBN 978-7-5116-5608-7

Ⅰ . ①君… Ⅱ . ①丁… Ⅲ . ①两栖动物—研究—明溪县②爬行纲—研究—明溪县 Ⅳ . ① Q959.5 ② Q959.6

中国版本图书馆 CIP 数据核字（2021）第 259642 号

**责任编辑** 张志花
**责任校对** 李向荣
**责任印制** 姜义伟 王思文

**出 版 者** 中国农业科学技术出版社
北京市中关村南大街 12 号 邮编：100081
**电　　话** （010）82106636（编辑室）（010）82109702（发行部）
（010）82109709（读者服务部）
**传　　真** （010）82106631
**网　　址** http://www.castp.cn
**经 销 者** 各地新华书店
**印 刷 者** 北京地大彩印有限公司
**开　　本** 210 mm × 285 mm 1/16
**印　　张** 14.25
**字　　数** 180 千字
**版　　次** 2022 年 1 月第 1 版 2022 年 1 月第 1 次印刷
**定　　价** 168.00 元

Herpetological Biodiversity Conservation Research Series in East China

# Amphibians and Reptiles in Fujian Junzifeng National Natural Reserve

Ding Guohua, Wang Yanmei, Wu Yanqing, Zhu Binqing

China Agricultural Science and Technology Press

三明角蟾 / 丁国骅　摄

# 《君子峰两栖爬行动物》
# 编委会




编　著　丁国骅　汪艳梅　吴延庆　朱滨清

# 前　言
PREFACE

福建君子峰国家级自然保护区位于武夷山脉中段东坡余脉，横跨福建省明溪县的西北部和东部，涉及枫溪、夏坊、盖洋、沙溪和夏阳 5 个乡镇的 15 个行政村，与福建龙栖山国家级自然保护区、福建闽江源国家级自然保护区相连。保护区自然环境得天独厚，山高林茂，气候适宜，生物资源极其丰富，诞生了独特、多样的生物群落和生态系统，具有充足的野生动植物资源。

两栖爬行动物是我国宝贵的生物资源，由于两者皆为变温动物，其生理状态对环境变化非常敏感，被认为是理想的环境指示生物，具有重要的生态意义。福建君子峰国家级自然保护区在保护区成立以前仅有少量文献中可搜索到有关两栖爬行动物的调查记录，以往的研究主要集中于保护区内的植物资源、昆虫资源及个别重点保护物种。为了更好地了解保护区内两栖爬行动物的资源情况，受福建君子峰国家级自然保护区管理局委托，丽水学院两栖爬行动物研究团队在区内 4 个管理所管辖范围内开展了为期 2 年的两栖爬行动物专项调查。

经过 2 年的调查，研究团队在福建君子峰国家级自然保护区及周边共记录到两栖动物 2 目 9 科 21 属 30 种，爬行动物 2 目 20 科 46 属 66 种。与《福建君子峰自然保护区综合科学考察报告（2005）》相比，此次调查增加了保护区两栖爬行动物 10 种，但原记录中的多疣壁虎、白条草蜥、白唇竹叶青蛇 3 个物种在本次调查中未记录到。

在这 96 种两栖爬行动物中，列入《国家重点保护野生动物名录（2021）》的二级重点保护动物有 7 种；列入《国家保护的有益的或者有重要经济、科学研究价值的陆生野生动物名录（2000）》的有 85 种；列入《福建省重点保护野生动物名录（1993）》

的有 4 种；列入《中国生物多样性红色名录（2021）》的濒危物种有 25 种，其中极危（critically endangered, CR）物种 3 种、濒危（endangered, EN）物种 8 种、易危（vulnerable, VU）物种 14 种。

本书分类体系以及中文名、拉丁学名和英文名均参考“中国两栖类”“Amphibian Species of the World 6.1”“The Reptile Database”等，并结合部分最新研究成果。本书第一部分介绍了福建君子峰国家级自然保护区基本情况和两栖爬行动物概况，第二部分为福建君子峰国家级自然保护区两栖爬行动物各论，共收录保护区两栖爬行动物 96 种，从形态特征、生态学信息、濒危和保护等级等方面进行介绍，并附以各物种的生态照片。照片上均标注了摄影者的名字，未标注的均默认为丁国骅。书末有中文名、拉丁学名和英文名索引目录，以便读者检索。

本书可供从事两栖爬行动物教学、科研以及林业、环境保护、野生动物管理等领域的相关人员使用，也可作为高校动物学、生态学、保护生物学、野生动植物保护与利用等相关专业的教学、生产实习的参考用书。

由于野外调查的时间较短，对各区域未能进一步详细调查，本书所记录的君子峰两栖爬行动物信息依旧不完善。尽管编者极其认真地编写，但因水平有限，书中也难免存在不足之处，欢迎读者和同行指正并提出宝贵建议。

编著者

2021 年 11 月

秘境（黄琰彬　摄）

# 目　录
CONTENTS

## 第一章　总　论



## 第二章　君子峰两栖动物各论

## 第三章 君子峰爬行动物各论

均峰峡谷（张峰　摄）



## 附　录

龙井（丁国骅　摄）

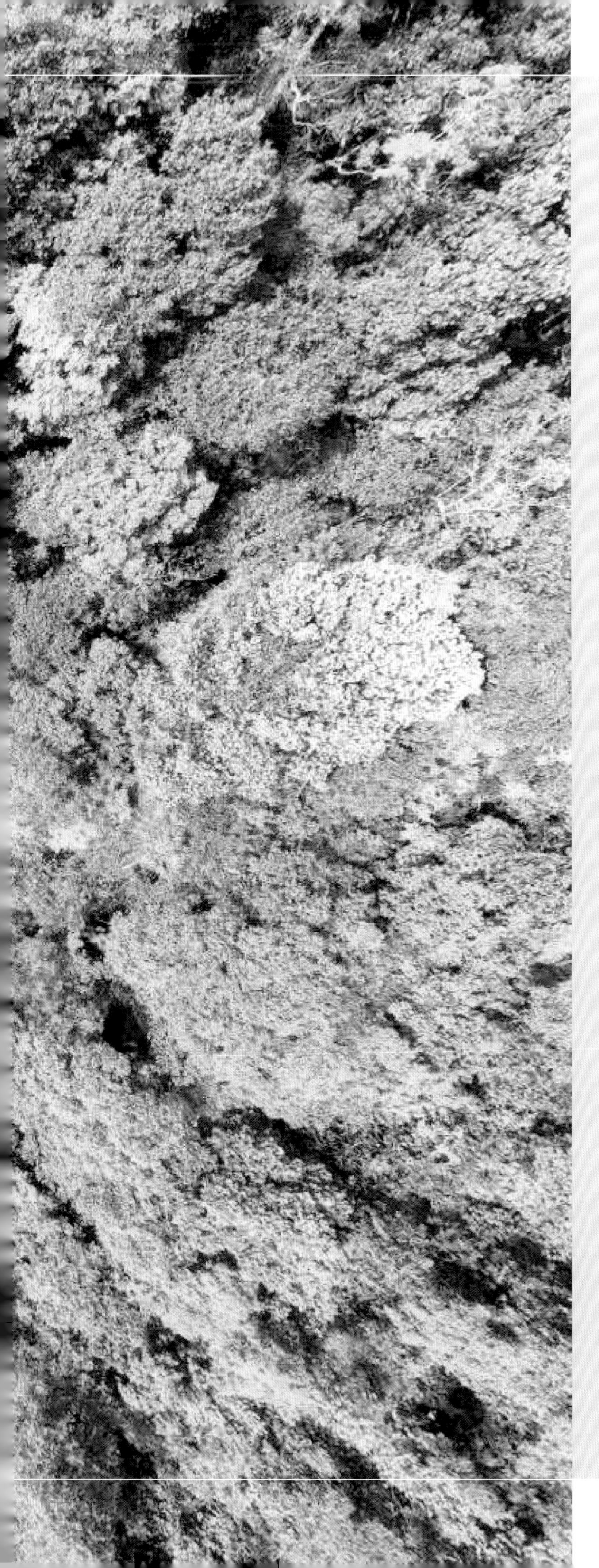

# 第一章

# 总　论

# CHAPTER I
# CONSPECTUS

一、保护区的基本情况
二、两栖动物物种资源
三、爬行动物物种资源

## 一、保护区的基本情况

福建君子峰国家级自然保护区横贯福建省明溪县的西北部和东部，武夷山东麓，其地理位置位于北纬 26° 19′ 03″～ 26° 39′ 18″，东经 116° 47′ 21″～ 117° 31′ 22″。涉及明溪县的夏坊、枫溪、盖洋、夏阳、沙溪 5 个乡镇 15 个行政村，与泰宁县的龙安、大布乡，建宁县均口乡，三明市三元区和梅列区毗邻；属于我国中亚热带海洋性季风气候区。保护区总面积 18 060.5 $hm^2$，其中核心区面积 7 497.6 $hm^2$，缓冲区面积 4 035.8 $hm^2$，实验区面积 6 527.1 $hm^2$。

保护区始建于 1995 年，2003 年，经福建省人民政府批准成立明溪君子峰自然保护区和明溪均峰山两个省级自然保护区。2006 年 5 月，经福建省人民政府批准，明溪君子峰和均峰山两个省级自然保护区合并为福建君子峰自然保护区。2008 年 1 月，经国务院批准，福建君子峰自然保护区晋升为国家级自然保护区。

保护区是以保护中亚热带、低纬度、低海拔平缓坡面的常绿阔叶林，木本药用植物种质资源，名贵用材树种种质资源，重点保护的野生动物、候鸟迁徙通道等原始森林生态系统为主的自然保护区。

福建君子峰国家级自然保护区植被类型有温性针叶林、针阔叶混交林、暖性针叶林、落叶阔叶林、常绿落叶阔叶混交林、常绿阔叶林、竹林、常绿阔叶灌丛和草丛 9 个植被型 33 个群系 60 个群丛。常绿阔叶林是本区域的地带性植被。闽楠林、苦槠林、甜槠林、米槠林、吊皮锥林、大叶锥

林、观光木林、江南油杉林和南方红豆杉林等保存较完好。保护区内菌类资源丰富，野生食用菌资源十分丰富，有灵芝、正红菇、假蜜环菌、梨红菇等大型真菌共计 12 目 39 科 166 种，此外，微生物共 11 目 17 科 68 种。

保护区动物资源丰富，已查明野生脊椎动物 34 目 100 科 472 种，其中国家一级保护动物有穿山甲、白颈长尾雉、黄腹角雉等 10 种，国家二级保护动物有蟒蛇、猕猴、黑熊、鬣羚、白鹇等64种。

福建君子峰国家级自然保护区自然景观优美，触目皆是阔叶林，随处都是造化风景。有“绿海云都”之美誉的紫云仙境，是三明市高山生态“后花园”，有龙井瀑布、百丈际五级瀑布和沙溪梓口坊温泉等，境内山峦起伏、飞瀑流泉。保护区及周边社区的本地特色客家文化、民俗风情也得到很好的保存。

## 二、两栖动物物种资源

### 1. 两栖动物物种名录

经过 2 年的实地调查和访问调查，共记录到福建君子峰国家级自然保护区及周边的两栖动物 2 目 9 科 21 属 30 种（表 1-1）。与《福建君子峰自然保护区综合科学考察报告（2005）》中的两栖动物调查记录相比，本次新增两栖动物 4 种，分别是中国大鲵、福建掌突蟾、三明角蟾和三港雨蛙。

紫云风光（张新明　摄）

## 表 1-1　福建君子峰国家级自然保护区两栖动物名录

| 中文名 | 学　名 | 英文名 |
|---|---|---|
| Ⅰ 有尾目 | **Caudata** | |
| 一、隐鳃鲵科 | **Cryptobranchidae** | |
| 01 中国大鲵 | *Andrias davidianus* | Chinese Giant Salamander |
| 二、蝾螈科 | **Salamandridae** | |
| 02 黑斑肥螈 | *Pachytriton brevipes* | Black-spotted Stout Newt |
| Ⅱ 无尾目 | **Anura** | |
| 三、角蟾科 | **Megophryidae** | |
| 03 福建掌突蟾 | *Leptobrachella liui* | Fujian Metacarpal-tubercled Toad |
| 04 淡肩角蟾 | *Panophrys boettgeri* | Pale-shouldered Horned Toad |
| 05 三明角蟾 | *Panophrys sanmingensis* | Sanming Horned Toad |
| 四、蟾蜍科 | **Bufonidae** | |
| 06 中华蟾蜍 | *Bufo gargarizans* | Zhoushan Toad |
| 07 黑眶蟾蜍 | *Duttaphrynus melanostictus* | Black-spectacled Toad |
| 五、雨蛙科 | **Hylidae** | |
| 08 中国雨蛙 | *Hyla chinensis* | Chinese Tree Toad |
| 09 三港雨蛙 | *Hyla sanchiangensis* | Sanchiang Tree Toad |
| 六、姬蛙科 | **Microhylidae** | |
| 10 粗皮姬蛙 | *Microhyla butleri* | Tubercled Pygmy Frog |
| 11 饰纹姬蛙 | *Microhyla fissipes* | Ornamented Pygmy Frog |
| 12 小弧斑姬蛙 | *Microhyla heymonsi* | Arcuate-spotted Pygmy Frog |
| 七、叉舌蛙科 | **Dicroglossidae** | |
| 13 泽陆蛙 | *Fejervarya multistriata* | Hong Kong Rice-paddy Frog |
| 14 虎纹蛙 | *Hoplobatrachus chinensis* | Chinese Tiger Frog |
| 15 福建大头蛙 | *Limnonectes fujianensis* | Fujian Large-headed Frog |
| 16 小棘蛙 | *Quasipaa exilispinosa* | Little Spiny Frog |
| 17 棘胸蛙 | *Quasipaa spinosa* | Chinese Spiny Frog |
| 八、蛙科 | **Ranidae** | |
| 18 华南湍蛙 | *Amolops ricketti* | South China Torrent Frog |

（续表）

| 中文名 | 学 名 | 英文名 |
| --- | --- | --- |
| 19 武夷湍蛙 | *Amolops wuyiensis* | Wuyi Torrent Frog |
| 20 沼蛙 | *Sylvirana guentheri* | Guenther's Frog |
| 21 阔褶水蛙 | *Hylarana latouchii* | Broad-folded Frog |
| 22 弹琴蛙 | *Nidirana adenopleura* | East China Music Frog |
| 23 小竹叶蛙 | *Odorrana exiliversabilis* | Fujian Bamboo-leaf Frog |
| 24 大绿臭蛙 | *Odorrana graminea* | Large Odorous Frog |
| 25 黄岗臭蛙 | *Odorrana huanggangensis* | Huanggang Odorous Frog |
| 26 福建侧褶蛙 | *Pelophylax fukienensis* | Fukien Gold-striped Pond Frog |
| 27 黑斑侧褶蛙 | *Pelophylax nigromaculatus* | Black-spotted Pond Frog |
| 28 长肢林蛙 | *Rana longicrus* | Long-legged Brown Frog |
| 九、树蛙科 | **Rhacophoridae** | |
| 29 布氏泛树蛙 | *Polypedates braueri* | White-lipped Treefrog |
| 30 大树蛙 | *Zhangixalus dennysi* | Large Treefrog |

### 2. 中国特有种

在所记录的30种两栖动物中，中国特有种有15种，包括中国大鲵、黑斑肥螈、福建掌突蟾、淡肩角蟾、三明角蟾、三港雨蛙、福建大头蛙、小棘蛙、武夷湍蛙、阔褶水蛙、弹琴蛙、小竹叶蛙、黄岗臭蛙、福建侧褶蛙和长肢林蛙。

### 3. 保护和濒危物种

按照《国家重点保护野生动物名录（2021）》和《福建省重点保护野生动物名录（1993）》，福建君子峰国家级自然保护区有国家二级重点保护两栖动物2种，分别是中国大鲵和虎纹蛙；黑斑侧褶蛙为福建省重点保护两栖动物（表1-2）。参考《中国生物多样性红色名录 脊椎动物 第四卷 两栖动物（2021）》的物种濒危等级，受威胁两栖动物共4种，其中中国大鲵为极危（critically endangered, CR）物种（占3.3%），虎纹蛙为濒危（endangered, EN）物种（占3.3%），小棘蛙和棘胸蛙为易危（vulnerable, VU）物种（占6.7%）。其余有近危（near threatened NT）两栖动物4种（占13.3%），分别为福建大头蛙、小竹叶蛙、福建侧褶蛙和黑斑侧褶蛙；无危（least concern, LC）两栖动物21种（占70%）；未评估（not evaluated, NE）两栖动物1种（占3.3%）（图1-1）。

表 1-2　福建君子峰国家级自然保护区两栖动物保护等级和濒危等级情况

| 中文名 | 国家重点保护野生动物名录 | 福建省重点保护野生动物名录 | 中国生物多样性红色名录 |
| --- | --- | --- | --- |
| 中国大鲵 | 二级 | | CR |
| 虎纹蛙 | 二级 | | EN |
| 福建大头蛙 | | | NT |
| 小棘蛙 | | | VU |
| 棘胸蛙 | | | VU |
| 小竹叶蛙 | | | NT |
| 福建侧褶蛙 | | | NT |
| 黑斑侧褶蛙 | | ※ | NT |

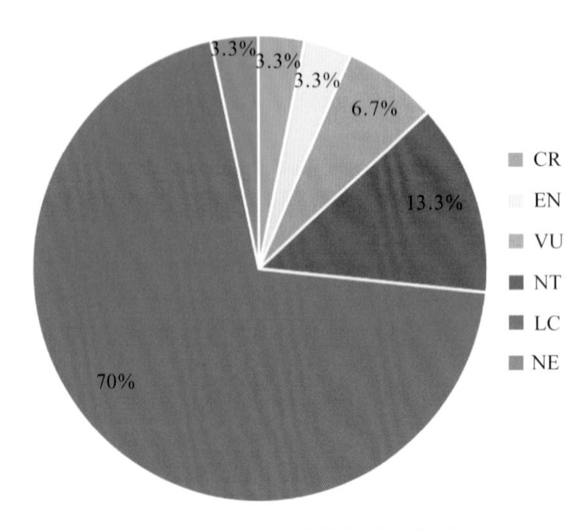


图 1-1　君子峰两栖动物物种濒危等级比例

## 4. 生态类型

根据两栖动物成体的主要栖息地，并结合产卵、蝌蚪生活的水域状态，可将福建君子峰国家级自然保护区的两栖动物分为 5 种生态类型。

（1）静水型：整个个体发育完全在静水水域中的种类，有福建大头蛙、沼蛙和弹琴蛙。

（2）陆栖－静水型：非繁殖期成体多营陆生而胚胎发育及变态在静水水域中的种类，有中华蟾蜍、黑眶蟾蜍、粗皮姬蛙、饰纹姬蛙、小弧斑姬蛙、泽陆蛙、虎纹蛙、阔褶水蛙、福建侧褶蛙、黑斑侧褶蛙和长肢林蛙。

（3）流水型：整个个体发育完全在流水水域中的种类，有中国大鲵、黑斑肥螈、小棘蛙、棘胸蛙、华南湍蛙、武夷湍蛙、小竹叶蛙、大绿臭蛙和黄岗臭蛙。

（4）陆栖－流水型：非繁殖期成体多营陆生而胚胎发育及变态在流水水域中的种类，有福建掌突蟾、淡肩角蟾和三明角蟾。

（5）树栖型：成体以树栖为主，胚胎发育及变态在静水水域的种类，有中国雨蛙、三港雨蛙、布氏泛树蛙和大树蛙。

## 三、爬行动物物种资源

### 1. 爬行动物物种名录

经过 2 年的实地调查和访问调查，共记录到福建君子峰国家级自然保护区及周边的爬行动物 2 目 20 科 46 属 66 种（表 1-3）。与《福建君子峰自然保护区综合科学考察报告（2005）》中的爬行动物调查记录相比，本次新增爬行动物 6 种，分别是原尾蜥虎、光蜥、福建钝头蛇、中国水蛇、挂墩后棱蛇和纹尾斜鳞蛇。本次调查中未被记录到的物种有 3 种，分别是多疣壁虎、白条草蜥和白唇竹叶青蛇。

**表 1-3　福建君子峰国家级自然保护区爬行动物名录**

| 中文名 | 学　名 | 英文名 |
| --- | --- | --- |
| Ⅰ 龟鳖目 | **Tesudines** | |
| 一、鳖科 | **Trionychidae** | |
| 01 中华鳖 | *Pelodiscus sinensis* | Chinese Soft-shelled Turtle |
| 二、平胸龟科 | **Platysternidae** | |
| 02 平胸龟 | *Platysternon megacephalum* | Big-headed Turtle |
| 三、地龟科 | **Geoemydidae** | |
| 03 乌龟 | *Mauremys reevesii* | Reeves' Turtle |
| Ⅱ 有鳞目 | **Squamata** | |
| 四、壁虎科 | **Gekkonidae** | |
| 04 原尾蜥虎 | *Hemidactylus bowringii* | Sikkimese Dark-Spotted Gecko |
| 五、石龙子科 | **Scincidae** | |
| 05 股鳞蜓蜥 | *Sphenomorphus incognitus* | Thigh-scale Forest Skink |
| 06 铜蜓蜥 | *Sphenomorphus indicus* | Indian Forest Skink |
| 07 中国石龙子 | *Plestiodon chinensis* | Chinese Blue-tailed Skink |
| 08 蓝尾石龙子 | *Plestiodon elegans* | Shanghai Elegant Skink |
| 09 宁波滑蜥 | *Scincella modesta* | Modest Ground Skink |
| 10 光蜥 | *Ateuchosaurus chinensis* | Chinese Short-limbed Skink |

（续表）

| 中文名 | 学　名 | 英文名 |
|---|---|---|
| 六、蜥蜴科 | **Lacertidae** | |
| 11 北草蜥 | *Takydromus septentrionalis* | China Grass Lizard |
| 12 南草蜥 | *Takydromus sexlineatus* | Asian Grass Lizard |
| 七、蛇蜥科 | **Anguidae** | |
| 13 脆蛇蜥 | *Dopasia harti* | Hart's Glass Lizard |
| 八、鬣蜥科 | **Agamidae** | |
| 14 丽棘蜥 | *Acanthosaura lepidogaster* | Brown Pricklenape |
| 九、蟒科 | **Pythonidae** | |
| 15 蟒蛇 | *Python bivittatus* | Burmese Python |
| 十、闪皮蛇科 | **Xenodermidae** | |
| 16 棕脊蛇 | *Achalinus rufescens* | Boulenger's Odd-scaled Snake |
| 17 黑脊蛇 | *Achalinus spinalis* | Peters' Odd-scaled Snake |
| 十一、钝头蛇科 | **Pareidae** | |
| 18 福建钝头蛇 | *Pareas stanleyi* | Stanley's Slug Snake |
| 19 台湾钝头蛇 | *Pareas formosensis* | Formosa Slug Snake |
| 十二、蝰蛇科 | **Viperidae** | |
| 20 白头蝰 | *Azemiops kharini* | White-headed Fea Viper |
| 21 原矛头蝮 | *Protobothrops mucrosquamatus* | Brown Spotted Pitviper |
| 22 尖吻蝮 | *Deinagkistrodon acutus* | Chinese Moccasin |
| 23 台湾烙铁头 | *Ovophis makazayazaya* | Taiwan Mountain Pitviper |
| 24 福建竹叶青蛇 | *Viridovipera stejnegeri* | Chinese Green Tree Viper |
| 十三、水蛇科 | **Homalopsidae** | |
| 25 中国水蛇 | *Myrrophis chinensis* | Chinese Mud Snake |
| 26 铅色水蛇 | *Hypsiscopus plumbea* | Boie's Mud Snake |
| 十四、屋蛇科 | **Lamprophiidae** | |
| 27 紫沙蛇 | *Psammodynastes pulverulentus* | Common Mock Viper |
| 十五、眼镜蛇科 | **Elapidae** | |
| 28 银环蛇 | *Bungarus multicinctus* | Many-banded Krait |

（续表）

| 中文名 | 学 名 | 英文名 |
|---|---|---|
| 29 舟山眼镜蛇 | *Naja atra* | Chinese Cobra |
| 30 眼镜王蛇 | *Ophiophagus hannah* | King Cobra |
| 31 福建华珊瑚蛇 | *Sinomicrurus kelloggi* | Kellogg's Coral Snake |
| 32 中华珊瑚蛇 | *Sinomicrurus macclellandi* | MacClelland's Coral Snake |
| 十六、游蛇科 | **Colubridae** | |
| 33 绞花林蛇 | *Boiga kraepelini* | Kelung Cat Snake |
| 34 繁花林蛇 | *Boiga multomaculata* | Many-spotted Cat Snake |
| 35 中国小头蛇 | *Oligodon chinensis* | Chinese Kukri Snake |
| 36 台湾小头蛇 | *Oligodon formosanus* | Formosa Kukri Snake |
| 37 翠青蛇 | *Cyclophiops major* | Chinese Green Snake |
| 38 乌梢蛇 | *Ptyas dhumnades* | Big-eye Keel-backed Snake |
| 39 灰鼠蛇 | *Ptyas korros* | Chinese Ratsnake |
| 40 滑鼠蛇 | *Ptyas mucosa* | Oriental Ratsnake |
| 41 灰腹绿锦蛇 | *Gonyosoma frenatum* | Khasi Hills Trinket Snake |
| 42 黄链蛇 | *Lycodon flavozonatus* | Yellow-Banded Big Tooth Snake |
| 43 赤链蛇 | *Lycodon rufozonatus* | Red-banded Snake |
| 44 黑背白环蛇 | *Lycodon ruhstrati* | Mountain Wolf Snake |
| 45 玉斑锦蛇 | *Euprepiophis mandarinus* | Mandarin Ratsnakes |
| 46 紫灰锦蛇 | *Oreocryptophis porphyraceus* | Black-banded Trinket Snake |
| 47 王锦蛇 | *Elaphe carinata* | Taiwan Stink Snake |
| 48 黑眉锦蛇 | *Elaphe taeniura* | Beauty Snake |
| 49 红纹滞卵蛇 | *Oocatochus rufodorsatus* | Frog-eating Rat Snake |
| 十七、两头蛇科 | **Calamariidae** | |
| 50 钝尾两头蛇 | *Calamaria septentrionalis* | Hong Kong Dwarf Snake |
| 十八、水游蛇科 | **Natricidae** | |
| 51 草腹链蛇 | *Amphiesma stolatum* | Buff Striped Keelback |
| 52 锈链腹链蛇 | *Hebius craspedogaster* | Kuatun Keelback |
| 53 颈棱蛇 | *Pseudagkistrodon rudis* | Red Keelback |

（续表）

| 中文名 | 学　名 | 英文名 |
| --- | --- | --- |
| 54 红脖颈槽蛇 | *Rhabdophis subminiatus* | Red-necked Keelback |
| 55 虎斑颈槽蛇 | *Rhabdophis tigrinus* | Tiger Keelback |
| 56 黄斑渔游蛇 | *Fowlea flavipunctatus* | Yellow-Spotted Keelback |
| 57 挂墩后棱蛇 | *Opisthotropis kuatunensis* | Chinese Mountain Keelback |
| 58 山溪后棱蛇 | *Opisthotropis latouchii* | Sichuan Mountain Keelback |
| 59 环纹华游蛇 | *Trimerodytes aequifasciatus* | Asiatic Annulate Keelback |
| 60 赤链华游蛇 | *Trimerodytes annularis* | Red-bellied Annulate Keelback |
| 61 乌华游蛇 | *Trimerodytes percarinatus* | Olive Annulate Keelback |
| 十九、斜鳞蛇科 | **Pseudoxenodontidae** | |
| 62 横纹斜鳞蛇 | *Pseudoxenodon bambusicola* | Bamboo Snake |
| 63 崇安斜鳞蛇 | *Pseudoxenodon karlschmidti* | Chinese Bamboo Snake |
| 64 大眼斜鳞蛇 | *Pseudoxenodon macrops* | Big-eyed Bamboo Snake |
| 65 纹尾斜鳞蛇 | *Pseudoxenodon stejnegeri* | Stejneger's Bamboo Snake |
| 二十、剑蛇科 | **Sibynophiidae** | |
| 66 黑头剑蛇 | *Sibynophis chinensis* | Chinese Many-tooth Snake |

### 2. 中国特有种

在所记录的66种爬行动物中，中国特有种有9种，包括宁波滑蜥、北草蜥、福建钝头蛇、台湾钝头蛇、颈棱蛇、挂墩后棱蛇、山溪后棱蛇、赤链华游蛇和纹尾斜鳞蛇。

### 3. 保护和濒危物种

按照《国家重点保护野生动物名录（2021）》和《福建省重点保护野生动物名录（1993）》，福建君子峰国家级自然保护区有国家二级重点保护爬行动物5种，分别是平胸龟、乌龟、脆蛇蜥、蟒蛇和眼镜王蛇；福建省重点保护爬行动物3种（表1-4），分别是舟山眼镜蛇、眼镜王蛇和滑鼠蛇。参考《中国生物多样性红色名录　脊椎动物　第三卷　爬行动物（2021）》的物种濒危等级，受威胁爬行动物共21种，其中平胸龟和蟒蛇为极危物种（占3%），中华鳖、乌龟、脆蛇蜥、尖吻蝮、眼镜王蛇、滑鼠蛇和王锦蛇为濒危物种（占10.6%），福建钝头蛇、白头蝰、中国水蛇、铅色水蛇、银环蛇、舟山眼镜蛇、福建华珊瑚蛇、灰鼠蛇、乌梢蛇、玉斑锦蛇和黑眉锦蛇为易危物种（占18.2%）。其余有近危爬行动物6种（占9.1%），分别为台湾钝头蛇、台湾烙铁头蛇、台湾小头蛇、环纹华游蛇、赤链华游蛇和乌华游蛇；无危爬行动物39种（占59.1%）（图1-2）。

**表 1-4 福建君子峰国家级自然保护区爬行动物保护等级和濒危等级情况**

| 中文名 | 国家重点保护野生动物名录 | 福建省重点保护野生动物名录 | 中国生物多样性红色名录 |
|---|---|---|---|
| 中华鳖 | | | EN |
| 平胸龟 | 二级 | | CR |
| 乌龟 | 二级 | | EN |
| 脆蛇蜥 | 二级 | | EN |
| 蟒蛇 | 二级 | | CR |
| 福建钝头蛇 | | | VU |
| 白头蝰 | | | VU |
| 尖吻蝮 | | | EN |
| 铅色水蛇 | | | VU |
| 银环蛇 | | | VU |
| 舟山眼镜蛇 | | ※ | VU |
| 眼镜王蛇 | 二级 | ※ | EN |
| 福建华珊瑚蛇 | | | VU |
| 中华珊瑚蛇 | | | VU |
| 乌梢蛇 | | | VU |
| 灰鼠蛇 | | | VU |
| 滑鼠蛇 | | ※ | EN |
| 玉斑锦蛇 | | | VU |
| 王锦蛇 | | | EN |
| 黑眉锦蛇 | | | VU |

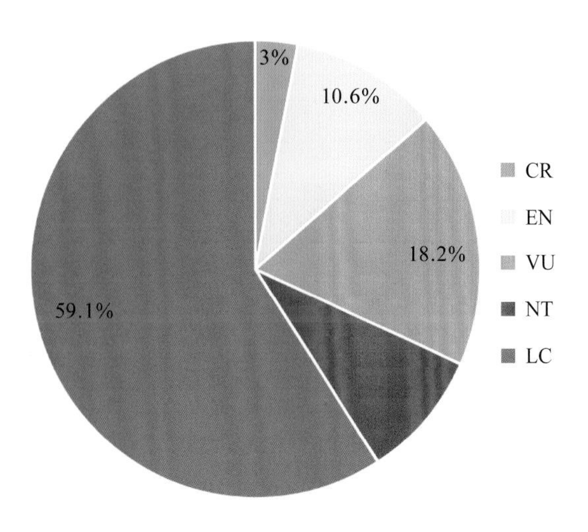


图 1-2 君子峰爬行动物物种濒危等级比例

# 第二章
# 君子峰两栖动物各论

# CHAPTER II AMPHIBIANS IN JUNZIFENG

隐鳃鲵科 Cryptobranchidae
蝾螈科 Salamandridae
角蟾科 Megophryidae
蟾蜍科 Bufonidae
雨蛙科 Hylidae
姬蛙科 Microhylidae
叉舌蛙科 Dicroglossidae
蛙科 Ranidae
树蛙科 Rhacophoridae

| 有尾目 | 隐鳃鲵科 | 大鲵属 |
| --- | --- | --- |
| **Caudata** | **Cryptobranchidae** | ***Andrias*** |

# 01 中国大鲵

拉丁学名：*Andrias davidianus*　英文名：Chinese Giant Salamander

**形态特征**：一般能长到 1m 左右，最长可达 2m；生活时体色变异较大，一般以棕褐色为主，其变异颜色有暗黑、红棕、褐色、浅褐、黄土、灰褐和浅棕等色；背腹面有不规则的黑色或深褐色的各种斑纹，也有斑纹不明显的。

**生态学信息**：多生活于海拔 200 ～ 1 500m 的山区溪流、深潭或地下溶洞中；成体多单独生活，白天栖息于深潭、水流较缓的石洞中；晚上出来在河流浅滩处觅食；繁殖期为 5—9 月。

**濒危和保护等级**：极危（CR），国家二级重点保护动物。

| 有尾目 | 蝾螈科 | 肥螈属 |
| --- | --- | --- |
| **Caudata** | **Salamandridae** | ***Pachytriton*** |

# 02 黑斑肥螈

拉丁学名：*Pachytriton brevipes*　英文名：Black-spotted Stout Newt

胡华丽　摄

**形态特征**：体形较为肥壮；头侧无棱脊；犁骨齿呈“Λ”形；生活时背面及两侧青黑色或棕褐色；腹面橘黄色或橘红色，周身布满褐黑色或褐色圆斑；皮肤光滑无疣。

**生态学信息**：生活于海拔 600 ～ 1 700m 山区较为陡峭的小溪内，隐于溪内石块下或石隙间。繁殖期为 5—8 月，卵粒黏附在流速缓慢的山溪内石块下。

**濒危和保护等级**：无危（LC）。

| 无尾目 | 角蟾科 | 掌突蟾属 |
| --- | --- | --- |
| **Anura** | **Megophryidae** | ***Leptobrachella*** |

# 03 福建掌突蟾

拉丁学名：*Leptobrachella liui*　英文名：Fujian Metacarpal-tubercled Toad

**形态特征**：无犁骨齿；背、腹面有棕红色雄性线；体背面灰棕色或棕褐色，两眼间有深色三角斑；肩上方有“W”形斑，胸腹部一般无斑点，腹侧有白色腺体排列成纵行。

**生态学信息**：生活于海拔600～1 400m山溪边的泥窝、石隙或落叶下。白天隐藏在阴湿处；夜间栖于溪边石上或竹枝以及树叶上鸣叫，音大而尖。蝌蚪在流溪缓流处或急流回水坑岸边石隙间或水坑内腐叶下，底栖，受惊扰后尾部强烈摆动形成水花，并迅速潜逃于深水石下。繁殖期为4—7月。

**濒危和保护等级**：无危（LC）。

| 无尾目 | 角蟾科 | 泛角蟾属 |
| --- | --- | --- |
| **Anura** | **Megophryidae** | ***Panophrys*** |

# 04 淡肩角蟾

拉丁学名：*Panophrys boettgeri* 英文名：Pale-shouldered Horned Toad

胡华丽 摄

**形态特征：**无犁骨棱和犁骨齿；背部多为灰棕色，有黑褐色斑，两眼间及头后褐黑色，肩上方有圆形或半圆形浅棕色斑；腹面灰紫色，咽喉部有一个黑褐色纵斑，腹部无斑或有少许碎斑。

**生态学信息：**生活于海拔 300～1 600m 的山区流溪附近。5—6 月成蟾白天多隐蔽于石下、溪边草丛中；夜间常在灌木叶片上、枯竹竿或沟边石上。以鳞翅目、鞘翅目、膜翅目等昆虫及其他小动物为食。繁殖期为 5—8 月；蝌蚪生活于水质清凉的流溪中，常活动于缓流处石块间或石块下。

**濒危和保护等级：**无危（LC）。

| 无尾目 | 角蟾科 | 泛角蟾属 |
| --- | --- | --- |
| **Anura** | **Megophryidae** | ***Panophrys*** |

# 05 三明角蟾

拉丁学名：*Panophrys sanmingensis*　英文名：Sanming Horned Toad

胡华丽　摄

**形态特征**：无犁骨齿；背部中央具“X”形肤棱；背部呈棕色，眼间有一浅色边缘的深色不完整三角形斑，背中有一镶浅色边缘的深色“X”形斑；上臂及后肢背面具深色横斑，眼下及吻端面具深色纹；虹膜棕黄色；腹部苍白色。

**生态学信息**：栖息于海拔900m以上的湿润的亚热带次生常绿阔叶林环绕的溪流中。繁殖期推测为4—7月。

**濒危和保护等级**：未评估（NE）。

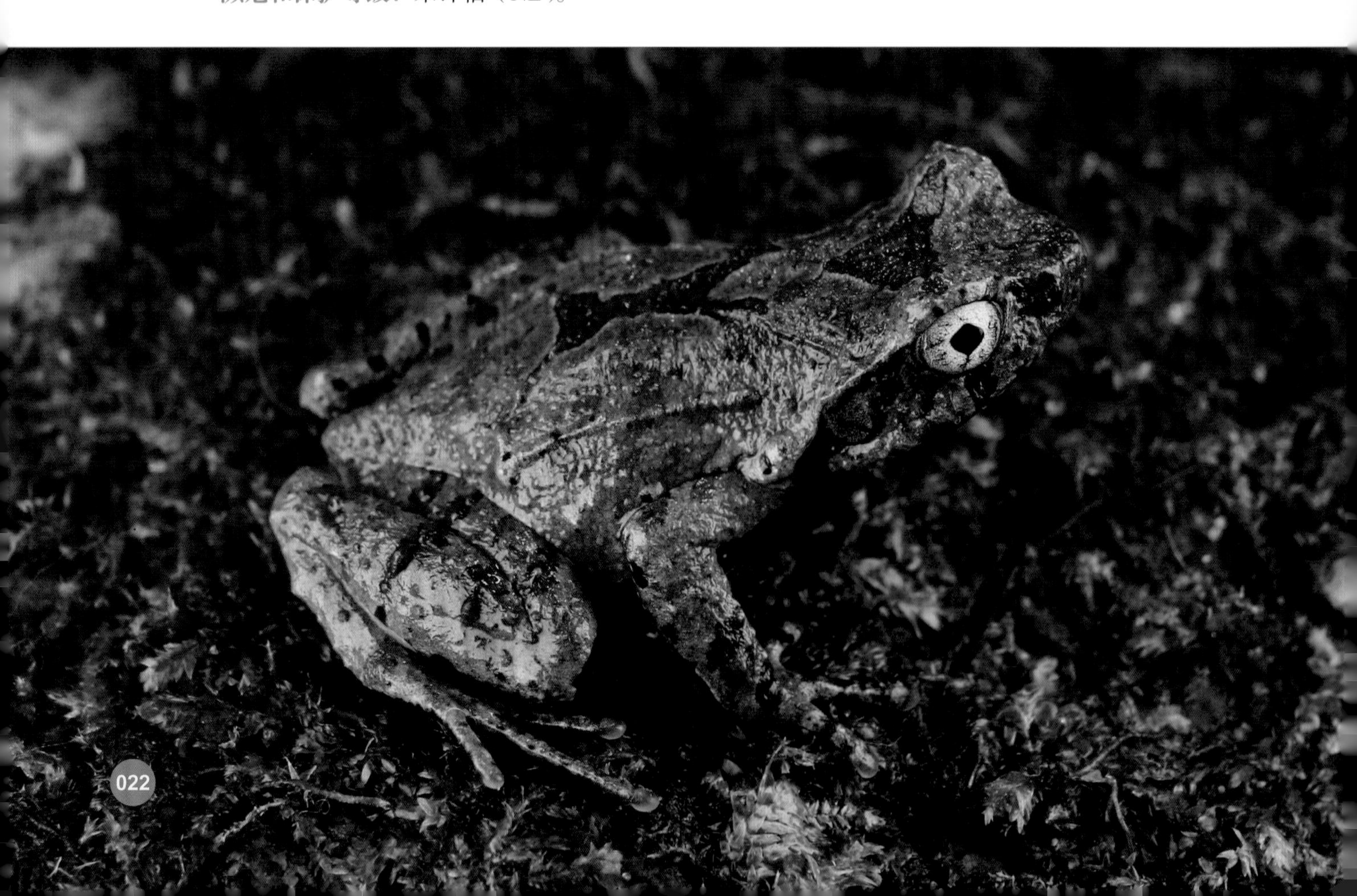

| 无尾目 | 蟾蜍科 | 蟾蜍属 |
| --- | --- | --- |
| Anura | Bufonidae | *Bufo* |

# 06 中华蟾蜍

拉丁学名：*Bufo gargarizans*　英文名：Zhoushan Toad

**形态特征：**无犁骨齿；无声囊；皮肤很粗糙，背面布满圆形瘰疣；体背面颜色有变异，多为橄榄黄色或灰棕色；体侧、股后常有棕红色斑；腹面灰黄色或浅黄色，有深褐色云斑，咽喉部斑纹少或无，后腹部有一个大黑斑。

**生态学信息：**生活于海拔100～4 300m的多种生态环境中。除冬眠和繁殖期栖息于水中外，多在陆地草丛、地边、山坡石下或土穴等潮湿环境中栖息。黄昏后外出捕食，以昆虫、蜗牛、蚯蚓及其他小动物为主。繁殖期因地而异，一般在1—6月。

**濒危和保护等级：**无危（LC）。

| 无尾目 | 蟾蜍科 | 头棱蟾属 |
| --- | --- | --- |
| **Anura** | **Bufonidae** | ***Duttaphrynus*** |

# 07 黑眶蟾蜍

拉丁学名：*Duttaphrynus melanostictus* 英文名：Black-spectacled Toad

丁国骅 摄

**形态特征**：无犁骨齿；背部一般为黄棕或黑棕色，部分个体具不规则棕红色斑；腹面乳黄色，多少有花斑。皮肤粗糙，全身除头顶外，布满瘰粒或疣粒，背部瘰粒多。

**生态学信息**：生活于海拔 1 700m 以下的多种环境内，非繁殖期该蟾营陆栖生活，常活动在草丛、石堆、耕地、水塘边及住宅附近。夜晚外出觅食，常在灯光下捕食害虫，以蚯蚓、软体动物、甲壳类、多足类以及各种昆虫等为食。繁殖期为 5—7 月。

**濒危和保护等级**：无危（LC）。

| 无尾目 | 雨蛙科 | 雨蛙属 |
| --- | --- | --- |
| **Anura** | **Hylidae** | ***Hyla*** |

# 08 中国雨蛙

拉丁学名：*Hyla chinensis* 英文名：Chinese Tree Toad

丁国骅 摄

**形态特征：**犁骨齿两小团；背面绿色或草绿色，体侧及腹面浅黄色；一条清晰的深棕色细线纹，由吻端至颞褶达肩部，在眼后鼓膜下方又有一条棕色细线纹，在肩部会合成三角形斑；体侧和股前后有数量不等的黑斑点。

**生态学信息：**生活于海拔 200 ～ 1 000m 低山区，白天多匍匐在石缝或洞穴内，隐蔽在灌丛、芦苇、美人蕉以及高杆作物上。夜晚多栖息于植物叶片上鸣叫，鸣声连续，音高而急。成蛙捕食蝽、金龟子、象鼻虫、蚁类等小动物。繁殖期为 4—6 月。

**濒危和保护等级：**无危（LC）。

陈静怡 摄

| 无尾目 | 雨蛙科 | 雨蛙属 |
|---|---|---|
| **Anura** | **Hylidae** | ***Hyla*** |

# 09 三港雨蛙

拉丁学名：*Hyla sanchiangensis*　英文名：Sanchiang Tree Toad

丁国骅　摄

**形态特征：** 犁骨齿两小团；背面黄绿色或绿色，眼前下方至口角有一明显的灰白色斑，眼后鼓膜上、下方有两条深棕色线纹在肩部不相会合；体侧前段棕色，体侧后段和股前后及体腹面浅黄色；体侧后段及四肢有不同数量的黑圆斑色。

**生态学信息：** 生活于海拔 200 ～ 1 600m 的山区稻田及其附近；白天多在土洞、石穴内或竹筒内，傍晚外出捕食叶甲虫、金龟子、蚁类以及高秆作物上的多种害虫。鸣声尤以晴朗的夜晚特多，鸣叫时前肢直立，发出“咯啊、咯啊”的连续鸣声，音低而慢。蝌蚪多分散栖于水底，受惊扰后潜入稀泥之中或逃逸到隐蔽处。繁殖期为 4—5 月。

**濒危和保护等级：** 无危（LC）。

| 无尾目 | 姬蛙科 | 姬蛙属 |
|---|---|---|
| **Anura** | **Microhylidae** | ***Microhyla*** |

# 10 粗皮姬蛙

拉丁学名：*Microhyla butleri*　英文名：Tubercled Pygmy Frog

**形态特征：**无犁骨齿；生活时身体及四肢背面为灰色或灰棕色，背部许多疣粒上有红色小点。背部中央有镶黄边的黑酱色大花斑，此花斑起自上眼睑内侧，向后延伸至躯干中央会成宽窄相间的主干；在背后端，主干向两侧分叉，形成“Λ”形的深色花斑；咽喉部有小黑点，雄蛙的尤为密集；腹部及四肢腹面白色。

**生态学信息：**生活于海拔 100 ～ 1 300m 的山区。成蛙常栖息于山坡水田、水坑边土隙或草丛中。在 4—6 月的繁殖期，雄蛙发出“歪、歪、歪”的鸣叫声。

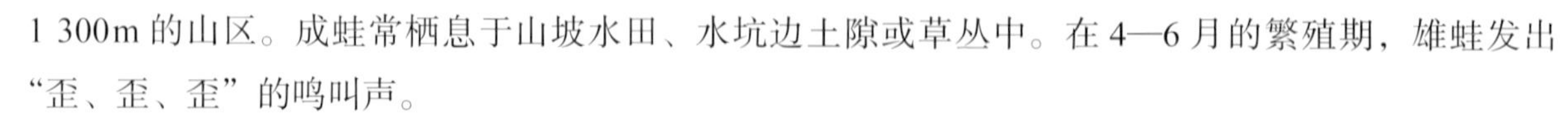

**濒危和保护等级：**无危（LC）。

| 无尾目 | 姬蛙科 | 姬蛙属 |
|---|---|---|
| **Anura** | **Microhylidae** | ***Microhyla*** |

# 11 饰纹姬蛙

拉丁学名：*Microhyla fissipes* 英文名：Ornamented Pygmy Frog

丁国骅 摄

**形态特征**：无犁骨齿；背面颜色和花斑有变异，一般为粉灰色、黄棕色或灰棕色，其上有两个深棕色“Λ”形斑，前后排列。

**生态学信息**：生活于海拔 1 400m 以下的平原、丘陵和山地的泥窝或土穴内，或在水域附近的草丛中。雄蛙鸣声低沉而慢，发出如“嘎、嘎、嘎、嘎”的鸣叫声；主要以蚁类为食。卵产于有水草的静水塘及雨后临时积水坑内，繁殖期为 3—8 月。

**濒危和保护等级**：无危（LC）。

| 无尾目 | 姬蛙科 | 姬蛙属 |
| --- | --- | --- |
| **Anura** | **Microhylidae** | ***Microhyla*** |

# 12 小弧斑姬蛙

拉丁学名：*Microhyla heymonsi*　英文名：Arcuate-spotted Pygmy Frog

**形态特征：**无犁骨齿；背面有明显的纵沟；背面颜色变异大，多为粉灰色、浅绿色或浅褐色，从吻端至肛部有一条黄色细脊线；在背部脊线上有一对或两对黑色弧形斑；体两侧有纵行深色纹；咽部和四肢腹面有褐色斑纹。

**生态学信息：**常栖息于海拔1 600m以下的山区稻田、水坑边、沼泽泥窝、土穴或草丛中。雄蛙发出低而慢的"嘎、嘎"鸣叫声，低沉而慢。捕食昆虫和蛛形纲等小动物，其中蚁类占91%左右，繁殖旺季5—6月，部分地区可到9月，卵产于静水域中。蝌蚪集群浮游于水体表层，受惊时即潜入水下。

**濒危和保护等级：**无危（LC）。

| 无尾目 | 叉舌蛙科 | 陆蛙属 |
| --- | --- | --- |
| **Anura** | **Dicroglossidae** | ***Fejervarya*** |

## 13 泽陆蛙

拉丁学名：*Fejervarya multistriata*　英文名：Hong Kong Rice-paddy Frog

**形态特征**：犁骨齿两团，背面颜色变异颇大，多为灰橄榄色或深灰色，杂有棕黑色斑纹，有的头体中部有一条浅色脊线；上、下唇缘有棕黑色纵纹，四肢背面各节有棕色横斑2～4条，体和四肢腹面为乳白色或乳黄色。

**生态学信息**：生活于平原、丘陵和海拔2 000m以下的山区稻田、沼泽、水塘、水沟等静水域或其附近的旱地草丛。昼夜活动，主要在夜间觅食。繁殖期为4—9月，大雨后常集群繁殖；卵群多产在水深5～15cm的稻田及雨后临时水坑中。

**濒危和保护等级**：无危（LC）。

| 无尾目 | 叉舌蛙科 | 虎纹蛙属 |
| --- | --- | --- |
| **Anura** | **Dicroglossidae** | ***Hoplobatrachus*** |

## 14 虎纹蛙

拉丁学名：*Hoplobatrachus chinensis*　英文名：Chinese Tiger Frog

**形态特征：**犁骨齿极强；背面多为黄绿色或灰棕色，散有不规则的深绿褐色斑纹；四肢横纹明显；体和四肢腹面肉色，咽、胸部有棕色斑，胸后和腹部略带浅蓝色，有斑或无斑。

**生态学信息：**生活于海拔 1 200m 以下的山区、平原、丘陵地带的稻田、池塘、水坑和沟渠内。白天隐匿于水域岸边的洞穴内；夜间外出活动，跳跃能力强。成蛙捕食各种昆虫，也捕食蝌蚪、小蛙及小鱼等。雄蛙鸣声如犬吠。在静水内繁殖，繁殖期为 3—8 月。

**濒危和保护等级：**濒危（EN），国家二级重点保护野生动物（仅限野生种群）。

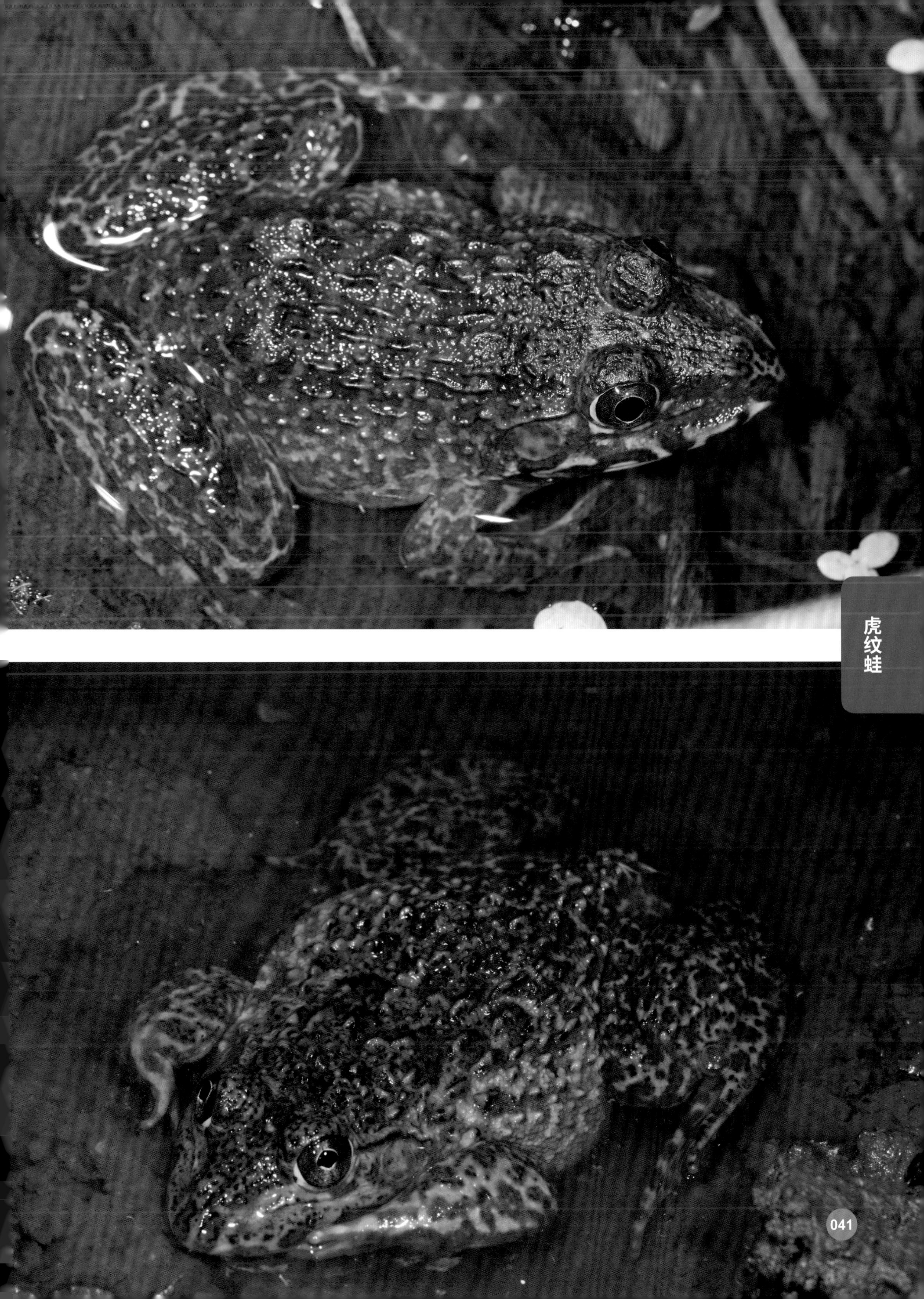

| 无尾目 | 叉舌蛙科 | 大头蛙属 |
|---|---|---|
| **Anura** | **Dicroglossidae** | ***Limnonectes*** |

# 15 福建大头蛙

拉丁学名：*Limnonectes fujianensis*　英文名：Fujian Large-headed Frog

**形态特征**：犁骨齿列长；两眼后方有一条横肤沟，背面多为黄褐色或灰棕色，疣粒部位多有黑斑，肩上方有一个“八”形深色斑；唇缘及四肢背面均有黑色横纹；有的咽、胸部有棕色纹，有的腹部及四肢腹面无斑。

**生态学信息**：生活于海拔 200～1 100m 的山区，成蛙常栖息于路边和田间排水沟的小水坑或浸水塘内，白天多隐蔽在落叶或杂草间，行动较迟钝。繁殖期较长，5 月可见到卵群、幼期和变态期蝌蚪及幼蛙。繁殖期推测为 5—8 月。

**濒危和保护等级**：近危（NT）。

| 无尾目 | 叉舌蛙科 | 棘胸蛙属 |
|---|---|---|
| **Anura** | **Dicroglossidae** | ***Quasipaa*** |

# 16 小棘蛙

拉丁学名：*Quasipaa exilispinosa*　英文名：Little Spiny Frog

形态特征：犁骨齿两斜团，全身背面布满大小不等的圆疣、扁平疣或窄长疣，疣上均有细小的黑色角质刺，体背面多为棕色、浅棕褐色，散有黑褐斑，眼间及四肢背面有黑褐色横纹。

生态学信息：生活于海拔 500～1 400m 植被繁茂的水面宽度约 1m 以下的小山溪内或沼泽地边石下。主要捕食多种昆虫、蜘蛛和松毛虫等。在 6—7 月的繁殖期，雄蛙在夜间会发出“嗒、嗒”的连续鸣声，长者可达 10 余声；卵产在小溪水坑内；蝌蚪生活于溪沟小水坑里。

濒危和保护等级：易危（VU）。

| 无尾目 | 叉舌蛙科 | 棘胸蛙属 |
| --- | --- | --- |
| **Anura** | **Dicroglossidae** | ***Quasipaa*** |

# 17 棘胸蛙

拉丁学名：*Quasipaa spinosa* 英文名：Chinese Spiny Frog

**形态特征**：犁骨齿强，体背面颜色变异大，多为黄褐色、褐色或棕黑色，两眼间有深色横纹，体和四肢有黑褐色横纹；无斑或咽喉部和四肢腹面有褐色云斑。

**生态学信息**：生活于海拔 500～1 500m 林木繁茂的山溪内。白天多隐藏在石穴或土洞中，夜间多蹲在岩石上。捕食多种昆虫、溪蟹、蜈蚣、小蛙等。繁殖期为 5—9 月。

**濒危和保护等级**：易危（VU）。

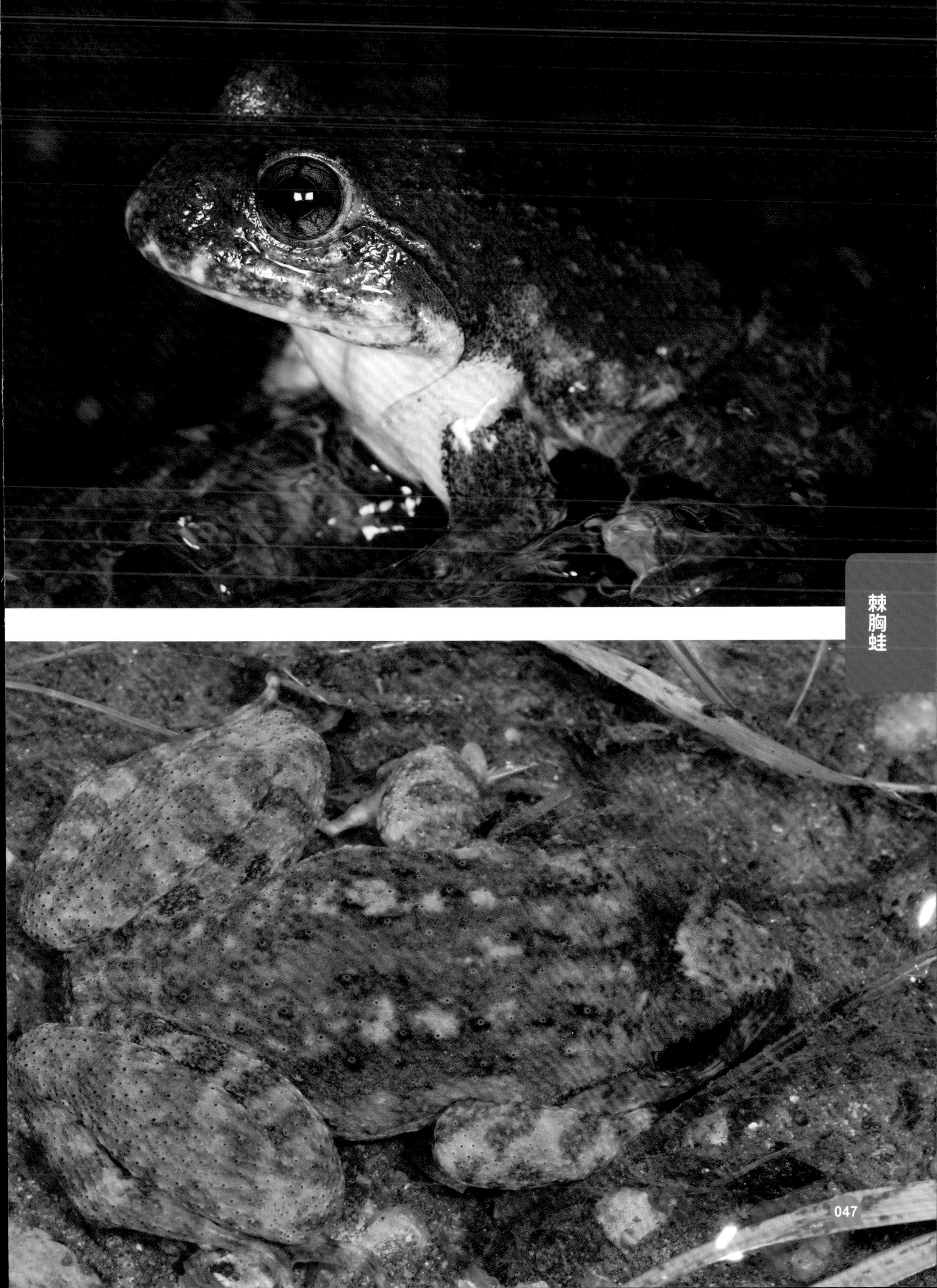

| 无尾目 | 蛙科 | 湍蛙属 |
| --- | --- | --- |
| **Anura** | **Ranidae** | ***Amolops*** |

# 18 华南湍蛙

拉丁学名：*Amolops ricketti* 英文名：South China Torrent Frog

**形态特征**：犁骨齿发达；全身背面布满细小的痣粒；腹面一般成颗粒状或有细皱纹。生活时背面为灰绿色或黄绿色，布满不规则的深棕色或棕黑色斑纹；四肢具棕黑色横纹；两眼前缘之间常有一个小白点。

**生态学信息**：生活于海拔 400～1 500m 的山溪内或其附近。白天少见，夜晚栖息在急流处石上或石壁上。繁殖期为 5—6 月，成蛙捕食蝗虫、蟋蟀、金龟子等多种昆虫及其他小动物。蝌蚪生活于急流中，常吸附在石头上，多以藻类为食。

**濒危和保护等级**：无危（LC）。

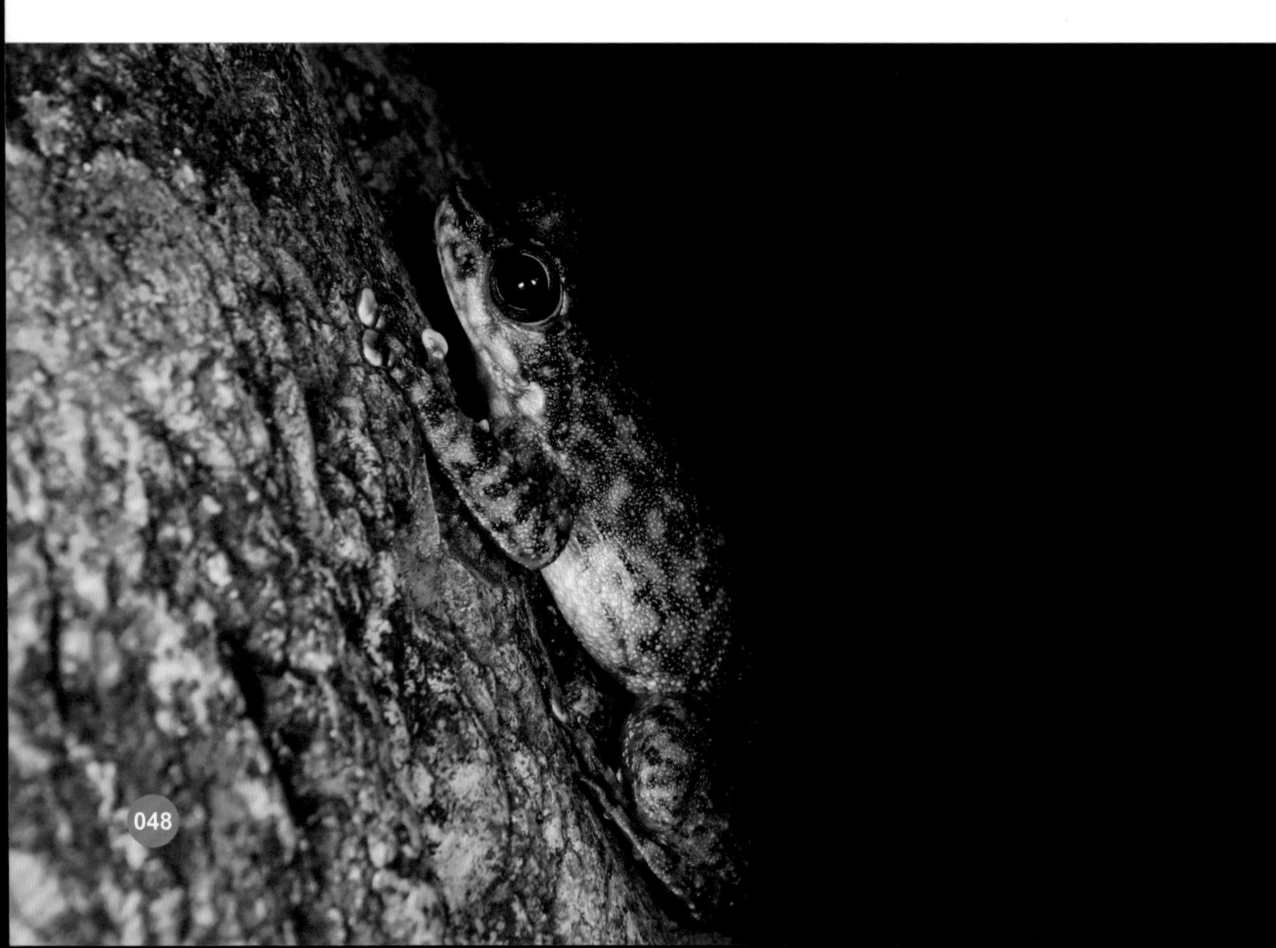

| 无尾目 | 蛙科 | 湍蛙属 |
|---|---|---|
| **Anura** | **Ranidae** | ***Amolops*** |

# 19 武夷湍蛙

拉丁学名：*Amolops wuyiensis* 英文名：Wuyi Torrent Frog

**形态特征：**无犁骨齿；体背及后肢背面有许多米色小痣粒，体侧有许多大小不等的圆疣，股后方及下方常有许多密集的小圆疣；胫部外侧的疣粒有的排成纵行，跗部无宽厚腺体；口角后方有两个颌腺。

**生态学信息：**生活于海拔100～1 300m较宽的流溪内或其附近，溪流两岸乔木、灌丛和杂草茂密。成蛙白天隐蔽在溪边石穴内，夜间攀附在岸边石上或岩壁上。捕食昆虫、小螺等小动物。繁殖期为5—6月。雄蛙在夜间发出“叽、叽、叽”的鸣叫声，音调颇高。蝌蚪白天栖息于石下，夜晚在溪边浅水缓流处，常群集活动。

**濒危和保护等级：**无危（LC）。

| 无尾目 | 蛙科 | 水蛙属 |
|---|---|---|
| **Anura** | **Ranidae** | ***Hylarana*** |

# 20 沼蛙

拉丁学名：*Sylvirana guentheri*　英文名：Guenther's Frog

**形态特征：**犁骨齿两斜列；有一对咽侧下外声囊；背侧褶平直而明显，自眼后直达胯部；背部皮肤光滑，体背后部有分散的小痣粒；生活时的体色变化不大。背面为淡棕色或灰棕色，少数个体的背面有黑斑。

**生态学信息：**生活于海拔 1 100m 以下的平原或丘陵和山区。成蛙多栖息于稻田、池塘或水坑内，常隐蔽在水生植物丛间、土洞或杂草丛中。捕食以昆虫为主，还觅食蚯蚓、田螺以及幼蛙等。繁殖期为 5—7 月。

**濒危和保护等级：**无危（LC）。

| 无尾目 | 蛙科 | 水蛙属 |
|---|---|---|
| **Anura** | **Ranidae** | ***Hylarana*** |

# 21 阔褶水蛙

拉丁学名：*Hylarana latouchii*　英文名：Broad-folded Frog

**形态特征：**皮肤粗糙；背面有稠密的小刺粒；生活时体背面金黄色夹杂少量的灰色斑，背侧褶上的金黄色更加明显；从吻端开始通过鼻孔沿背侧褶下方有黑带；体腹部淡黄色，两侧的黄色稍淡而无斑。

**生态学信息：**生活于海拔 1 500m 以下的平原、丘陵和山区。常栖于山旁水田、水池、水沟附近，很少在山溪内。白天隐匿在草丛或石穴中，主要捕食昆虫等小动物。繁殖期为 3—5 月。

**濒危和保护等级：**无危（LC）。

| 无尾目 | 蛙科 | 琴蛙属 |
| --- | --- | --- |
| Anura | Ranidae | *Nidirana* |

# 22 弹琴蛙

拉丁学名：*Nidirana adenopleura* 英文名：East China Music Frog

丁国骅 摄

**形态特征**：犁骨齿两短斜行；生活时背面灰棕色或蓝绿色，一般有黑色斑点；两眼间至肛上方多数个体有浅色脊线；体侧浅灰散有棕色斑；沿上唇一般有一条浅色纹；体后端疣粒部位常有黑色小圆斑。腹面灰白色，雄蛙咽喉部有深色或棕色细斑。

**生态学信息**：生活于海拔 1 800m 以下的山区梯田、水草地、水塘，成蛙白昼隐匿于石缝间，阴雨天夜间外出活动较多，有的在洞口或草丛中鸣叫，“咕、咕、咕”由 2 ～ 3 声组成，鸣声低沉。该蛙捕食多种昆虫、蚂蟥、蜈蚣等。繁殖期为 4—7 月。

**濒危和保护等级**：无危（LC）。

| 无尾目 | 蛙科 | 臭蛙属 |
| --- | --- | --- |
| **Anura** | **Ranidae** | ***Odorrana*** |

# 23 小竹叶蛙

拉丁学名：*Odorrana exiliversabilis* 英文名：Fujian Bamboo-leaf Frog

**形态特征**：犁骨齿短弱；腹面皮肤光滑，生活时颜色变异较大，多为橄榄褐色、浅棕色、铅灰色或绿色；体腹面、咽、胸部为褐色或有细小褐色麻斑；腹后部浅黄色或银灰色，无斑纹；股腹面为鹅黄色。

**生态学信息**：生活于海拔600～1 600m的森林茂密的山区。成蛙栖息在大、小山溪内，白天常蹲在瀑布下深水坑两侧的大石上或在缓流处岸边。9月初曾在茶地或山坡落叶间发现成体或幼体。该蛙夜间常攀缘在溪边陡峭的崖壁上。蝌蚪生活在流溪水坑内落叶层中或石下。

**濒危和保护等级**：无危（LC）。

雌性

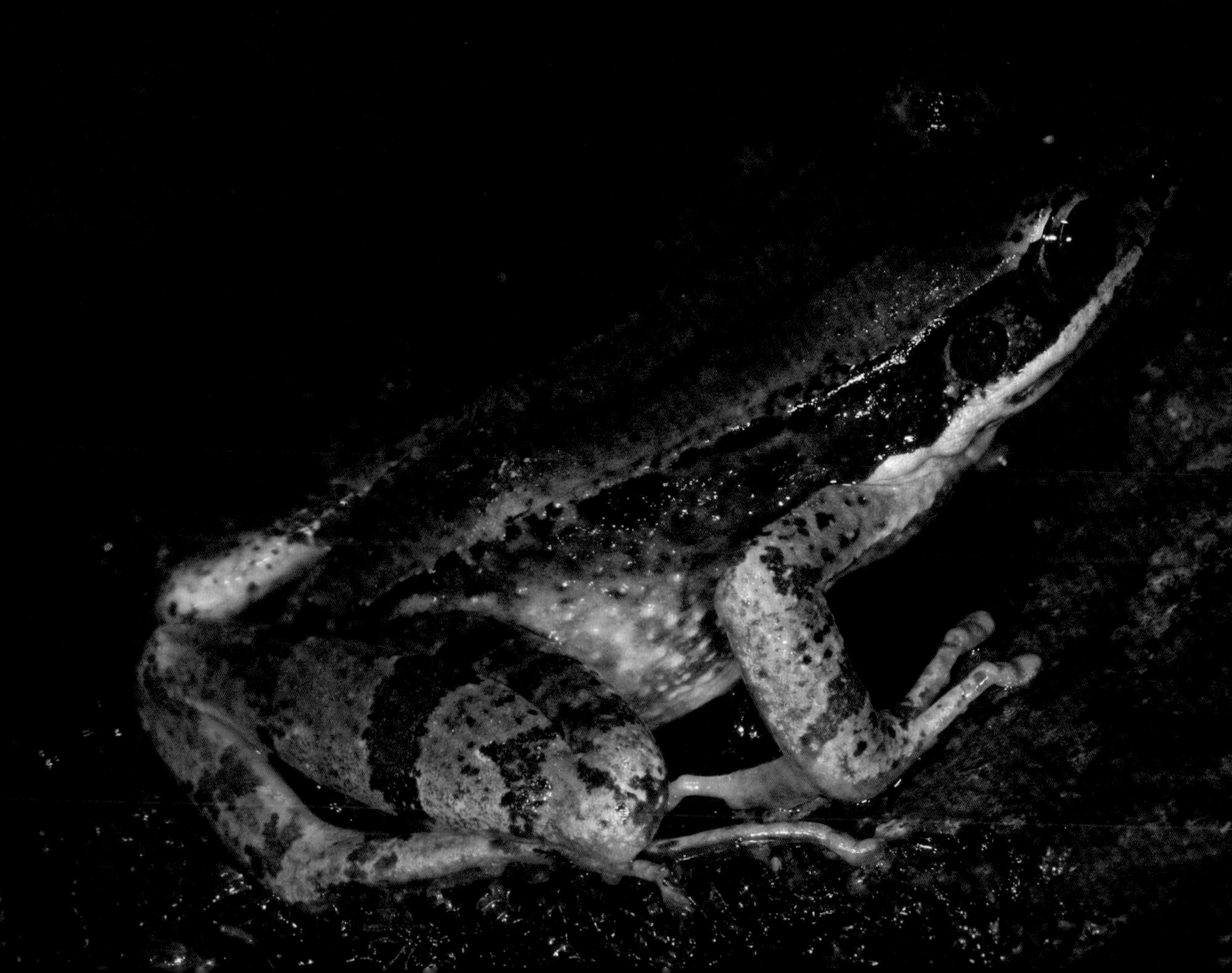

| 无尾目 | 蛙科 | 臭蛙属 |
|---|---|---|
| **Anura** | **Ranidae** | ***Odorrana*** |

# 24 大绿臭蛙

拉丁学名：*Odorrana graminea*　英文名：Large Odorous Frog

**形态特征：**犁骨齿两短斜行；生活时背面为鲜绿色，但有深浅变异；两眼前角间有一小白点；头侧、体侧及四肢浅棕色，四肢背面有深棕色横纹，一般股、胫各有 3 ～ 4 条，少数标本横纹不显而有不规则斑点；腹面白色。

**生态学信息：**生活于海拔 400 ～ 1 200m 森林茂密的大中型山溪及其附近。流溪内大小石头甚多，环境极为阴湿，石上长有苔藓等植物。成蛙白昼多隐匿于流溪岸边石下或在附近的密林里落叶间；夜间多蹲在溪内露出水面的石头上或溪旁岩石上。繁殖期为 5—6 月。

**濒危和保护等级：**无危（LC）。

| 无尾目 | 蛙科 | 臭蛙属 |
|---|---|---|
| Anura | Ranidae | *Odorrana* |

# 25 黄岗臭蛙

拉丁学名：*Odorrana huanggangensis*　英文名：Huanggang Odorous Frog

形态特征：犁骨齿两短列，生活时体和四肢背面黄绿色，头体背面密布规则椭圆形和卵圆形褐色斑，斑点周围无浅色边缘；股后方褐色斑大而密集；腹面白色无斑。

生态学信息：生活于海拔200～800m丘陵山区的大小流溪内。其环境植被茂盛、阴湿，溪水湍急或平缓。成蛙常栖息在溪边的石块、岩壁上或隐于灌丛中。雄蛙在溪内活动频繁，并发出“叽”“啾”的鸣声。繁殖期可能为7—8月。

濒危和保护等级：无危（LC）。

| 无尾目 | 蛙科 | 侧褶蛙属 |
|---|---|---|
| Anura | Ranidae | *Pelophylax* |

# 26 福建侧褶蛙

拉丁学名：*Pelophylax fukienensis*　英文名：Fukien Gold-striped Pond Frog

戴建华　摄

**形态特征：**犁骨齿两小团；生活时体背面绿色或橄榄绿色，鼓膜及背侧褶棕黄色；四肢背面绿色或有棕色横纹，股后正中有棕黄色纵线纹，其上方为浅棕色，其下方有一条与之平行的酱色宽纵纹。腹面鲜黄色或略带棕色点，股腹面有棕色斑。

**生态学信息：**生活于海拔 200m 以下的稻田区池塘内。当年 10 月下旬至翌年 4 月为冬眠期。繁殖期为 4—6 月。雄蛙鸣声似小鸡的“叽、叽、叽”声。蝌蚪栖于池塘边的水草间，多分散底栖。

**濒危和保护等级：**近危（NT）。

戴建华　摄

戴建华　摄



戴建华　摄

| 无尾目 | 蛙科 | 侧褶蛙属 |
|---|---|---|
| **Anura** | **Ranidae** | ***Pelophylax*** |

# 27 黑斑侧褶蛙

拉丁学名：*Pelophylax nigromaculatus*　英文名：Black-spotted Pond Frog

**形态特征：**犁骨齿两小团，生活时体背面颜色多样，有淡绿色、黄绿色、深绿色、灰褐色等颜色，杂有许多大小不一的黑斑纹，多数个体自吻端至肛前缘有淡黄色或淡绿色的脊线纹；背侧褶金黄色、浅棕色或黄绿色；四肢背面浅棕色。

**生态学信息：**广泛生活于平原或丘陵的水田、池塘、湖沼区及海拔2 200m以下的山地。成蛙在10—11月进入松软的土中或枯枝落叶下冬眠，翌年3—5月出蛰。繁殖期为3—4月，雄蛙前肢抱握在雌蛙腋胸部位，黎明前后产卵于稻田、池塘浅水处，卵群团状。

**濒危和保护等级：**近危（NT），福建省重点保护野生动物。

| 无尾目 | 蛙科 | 蛙属 |
|---|---|---|
| **Anura** | **Ranidae** | ***Rana*** |

# 28 长肢林蛙

拉丁学名：*Rana longicrus*　英文名：Long-legged Brown Frog

**形态特征：**犁骨齿两斜团，体背面黄褐色、赤褐色、绿褐色或棕红色，两眼之间有一不明显的黑横纹，背部和体侧有分散的黑斑点，在肩部上方常有一个“八”形黑斑；由吻端至眼沿吻棱下缘为黑褐色纹，三角形黑斑明显；上、下唇边缘色深，其上有白斑；四肢背面有黑褐色横纹。

**生态学信息：**生活于海拔 1 000m 以下的平原、丘陵及山区，以阔叶林和农耕地为主要栖息环境。成蛙白天多隐匿在稻田、池塘、水坑和水沟等水草丰盛处；夜晚活动频繁，主要捕食腹足类、寡毛纲、蛛形纲、甲壳纲、昆虫纲和蜈蚣等小动物。繁殖期为 12 月至翌年 1 月。

**濒危和保护等级：**无危（LC）

| 无尾目 | 树蛙科 | 泛树蛙属 |
|---|---|---|
| Anura | Rhacophoridae | *Polypedates* |

# 29 布氏泛树蛙

拉丁学名：*Polypedates braueri* 英文名：White-lipped Treefrog

**形态特征**：背部浅灰色或深棕灰色；眼眶间靠近上眼睑处可见略呈三角形的浅黑色斑纹；背部散有不规则黑色小斑块；体侧皮肤有较多的黑色斑点；四肢背侧横纹清晰；股部后方有多个较大白色斑点，斑点之间的皮肤颜色为深黑色。

**生态学信息**：生活在200～800m的山间农田及旱地生境中，周围水域以静水域为主，常栖息于稻田、草丛中，周围乔灌木甚少。行动较缓，跳跃力不强。捕食蜚蠊、蝗虫、象甲等多种害虫，也捕食螳螂、蜘蛛、蚯蚓、虾和螺类等无脊椎动物。繁殖期为4—8月。

**濒危和保护等级**：无危（LC）。

| 无尾目 | 树蛙科 | 张树蛙属 |
| --- | --- | --- |
| **Anura** | **Rhacophoridae** | ***Zhangixalus*** |

# 30 大树蛙

拉丁学名：*Zhangixalus dennysi*　英文名：Large Treefrog

丁国骅　摄

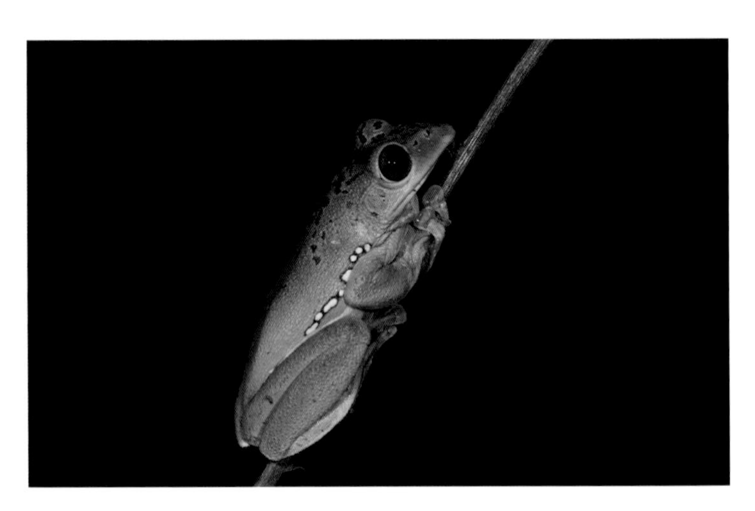

**形态特征：**犁骨齿强壮，背面绿色，体背部有镶浅色线纹的棕黄色或紫色斑点；沿体侧一般有成行的白色大斑点或白纵纹，下颌及咽喉部为紫罗兰色；腹面其余部位灰白色。

**生态学信息：**生活于海拔 800m 以下的山区树林里或附近田边、灌木及草丛中，偶尔也进入山边房屋内。该蛙主要捕食金龟子、叩头虫、蟋蟀等多种昆虫及其他小动物。傍晚后，雄蛙发出“咕噜、咕噜”或“咕嘟咕、咕嘟咕”的连续清脆而洪亮的鸣叫声。配对时，雄蛙前肢抱握在雌蛙的腋部，卵泡多产于田埂或水坑壁上，有的产在灌丛或树的枝叶上，卵泡白色或乳黄色。繁殖期为 4—5 月。

**濒危和保护等级：**无危（LC）。

# 第三章

# 君子峰爬行动物各论

# CHAPTER Ⅲ REPTILES IN JUNZIFENG

鳖科 Trionychidae
平胸龟科 Platysternidae
地龟科 Geoemydidae
壁虎科 Gekkonidae
石龙子科 Scincidae
蜥蜴科 Lacertidae
蛇蜥科 Anguidae
鬣蜥科 Agamidae
蟒科 Pythonidae
闪皮蛇科 Xenodermidae
钝头蛇科 Pareidae
蝰蛇科 Viperidae
水蛇科 Homalopsidae
屋蛇科 Lamprophiidae
眼镜蛇科 Elapidae
游蛇科 Colubridae
两头蛇科 Calamariidae
水游蛇科 Natricidae
斜鳞蛇科 Pseudoxenodontidae
剑蛇科 Sibynophiidae

| 龟鳖目 | 鳖科 | 中华鳖属 |
| --- | --- | --- |
| Testudines | Trionychidae | *Pelodiscus* |

# 01 中华鳖

拉丁学名：*Pelodiscus sinensis* 英文名：Chinese Soft-shelled Turtle

**形态特征**：成鳖头胸甲长度平均约为33cm，甲壳呈橄榄褐色，全身皮肤坚韧；腹甲呈灰白色；头部可能有纹向眼后伸延，鼻孔像猪鼻且灵活；颈部较长；四肢都有蹼并长有三爪。

**生态学信息**：水栖，常栖息于沙泥底质的淡水水域，有上岸进行日光浴的习性；肉食性，以鱼、虾、软体动物等为食，多夜间觅食；卵生，卵圆形，4—5月交配，多次产卵直至8月。

**濒危和保护等级**：濒危（EN）。

| 龟鳖目 | 平胸龟科 | 平胸龟属 |
|---|---|---|
| **Testudines** | **Platysternidae** | ***Platysternon*** |

# 02 平胸龟

拉丁学名：*Platysternon megacephalum*　英文名：Big-headed Turtle

朱滨清　摄

**形态特征：**头大，头背为完整的角质盾片；头宽约为背甲宽的 1/2，不能缩入甲内；上下颚钩成强喙状，似鹰嘴；体极扁平；尾长，几与背甲长相等；四肢强，被有覆瓦状鳞片，前肢 5 指，后肢 4 趾；背面为棕红色、棕橄榄色或橄榄色，有深色虫蚀纹或淡色细点；腹面为黄橄榄色。

**生态学信息：**栖息于南方山区多石的浅溪中，极少上岸，常夜间活动；以蛙类、甲壳动物、鱼类、蠕虫等为食；性凶猛，激怒时会嘶嘶作响，并张开口以示自卫；卵生，9—10 月交配，翌年 5—7 月产卵，一次产卵 3 ～ 5 枚，卵呈椭圆形。

**濒危和保护等级：**极危（CR），国家二级重点保护动物。

朱滨清　摄

朱滨清　摄

| 龟鳖目 | 地龟科 | 拟水龟属 |
|---|---|---|
| **Testudines** | **Geoemydidae** | ***Mauremys*** |

# 03 乌龟

拉丁学名：*Mauremys reevesii*　英文名：Reeves' Turtle

**形态特征：**上喙边缘平直或中间部微凹；背甲较平扁，生活时背甲棕褐色，雄性性成熟后体色趋于变深，老年个体通体黑色；腹甲及甲桥棕黄色，雄性色深；每一盾片均有黑褐色大斑块，有时腹甲几乎全被黑褐色斑块所占，仅在缝线处呈现棕黄色；头部橄榄色或黑褐色，老年雌性个体头部明显增大，喙部角质层增厚；头侧及咽喉部有暗色镶边的黄纹及黄斑，并向后延伸至颈部；四肢灰褐色，一些个体四肢会有黄色斑块，前肢5指，后肢4趾；雌雄成体体型差距较大，雌性大者超过2kg，雄性一般不超过0.5kg。

**生态学信息：**常栖于江河、湖沼、水田或池塘中；以蠕虫、软体动物、甲壳类及鱼类等为食，也吃植物茎叶及粮食等；卵生，4—8月产卵，一次产卵10～20枚，卵呈椭圆形，一年产卵2～4次。

**濒危和保护等级：**濒危（EN），国家二级重点保护动物（仅限野生种群）。

雌性 / 朱滨清　摄

| 有鳞目 | 壁虎科 | 蜥虎属 |
| --- | --- | --- |
| **Squamata** | **Gekkonidae** | ***Hemidactylus*** |

# 04 原尾蜥虎

拉丁学名：*Hemidactylus bowringii*　英文名：Sikkimese Dark-Spotted Gecko

**形态特征**：头体长小于尾长，耳孔小；吻鳞梯形，上缘中央具纵凹；鼻孔位于吻鳞；颏鳞大，呈三角形或近五角形；颏片两对；背被粒鳞；吻部的粒鳞比头背后部及体背的粒鳞大；头部腹面具粒鳞，躯干部腹面被覆瓦状鳞；指、趾中等扩展，指、趾间无蹼；后足第Ⅰ～Ⅴ趾对分的攀瓣；尾的断面呈扁圆形，近基部处更纵扁，向尾端渐尖；尾背面被均匀粒鳞，腹面中央为一列横宽的鳞。

**生态学信息**：常栖息于墙缝、屋檐、树洞、石隙等处，夜间活动，在灯光下静等捕食；以细小的蛾类、蚊子、白蚁等为食；卵生，繁殖期为 5—8 月。

**濒危和保护等级**：无危（LC）

| 有鳞目 | 石龙子科 | 蜓蜥属 |
| --- | --- | --- |
| Squamata | Scincidae | *Sphenomorphus* |

# 05 股鳞蜓蜥

拉丁学名：*Sphenomorphus incognitus*　英文名：Thigh-scale Forest Skink

**形态特征：**下眼睑被细鳞；有2枚大型肛前鳞；股后外侧有一团大鳞；背面橄榄褐色；体侧黑色，不形成明显的纵带；头背和体背灰棕色，具密集的黑色点斑；体侧从眼后沿颈侧和体侧有密集的黑点与灰色点相间组成的深色条纹，不形成明显纵带；体前部的深色条纹其上、下缘镶以极细的浅纵纹，越向体后条纹和浅纵纹越模糊不清，体侧下方灰色，有密集的黑白相间的麻点；四肢背面灰棕色，亦具黑白麻点；体腹面浅色无斑。

**生态学信息：**分布于海拔600～2 000m的山区丘陵，栖息于杂草地区或石砾与杂草交错地区，常发现于路边岩石上，溪沟边草丛中的石块间、岸边枯叶间或杂草丛中；以昆虫类为食；卵生，繁殖期为6—8月。

**濒危和保护等级：**无危（LC）。

亚成体

| 有鳞目 | 石龙子科 | 蜓蜥属 |
|---|---|---|
| **Squamata** | **Scincidae** | ***Sphenomorphus*** |

# 06 铜蜓蜥

拉丁学名：*Sphenomorphus indicus*　英文名：Indian Forest Skink

胡华丽 & 项姿勇　摄

**形态特征**：吻短，吻鳞突出；体表被覆圆鳞，覆瓦状排列，生活时背面古铜色，背脊部常有一条断断续续的黑脊纹，其两侧的褐色或黑色斑点缀连成行；腹面浅色无斑，四肢背面黄棕色，间杂黑色和浅色小点；唇缘浅色，具黑色纵纹。

**生态学信息**：分布于海拔 2 000m 以下的平原和丘陵，栖息于阴湿草丛中、荒石堆或有裂隙的石壁处；10 月中下旬陆续进入冬眠，翌年 4 月上旬陆续出蛰，夏季多见于上午和下午，中午活动较少，多在阴凉处，雨天不外出活动，雨后天晴活动较多，深秋中午活动觅食；卵胎生，繁殖期为 6—8 月。

**濒危和保护等级**：无危（LC）。

| 有鳞目 | 石龙子科 | 石龙子属 |
| --- | --- | --- |
| **Squamata** | **Scincidae** | ***Plestiodon*** |

# 07 中国石龙子

拉丁学名：*Plestiodon chinensis*　英文名：Chinese Blue-tailed Skink

胡华丽 & 项姿勇　摄

**形态特征：**全长为 20 ～ 30cm；吻钝圈，吻长与眼耳间距约相等；体鳞平滑、圆形，覆瓦状排列；典型色斑常有 5 条浅色纵线，背正中一条在头部不分叉；成体背面橄榄色，头部棕色，颈侧及体侧红棕色，雄性更明显，有的体侧散布黑斑点，腹面白色。

**生态学信息：**分布于海拔 10 ～ 1 000m 的山区和平原，栖息于平原耕作区、住宅附近公路旁边草丛中、树林下的落叶杂草中、丘陵地区青苔和茅草丛生的路旁，以及低矮灌木林下和杂草茂密的地方；卵生，繁殖期为 5—7 月。

**濒危和保护等级：**无危（LC）。

| 有鳞目 | 石龙子科 | 石龙子属 |
| --- | --- | --- |
| **Squamata** | **Scincidae** | ***Plestiodon*** |

# 08 蓝尾石龙子

拉丁学名：*Plestiodon elegans*　英文名：Shanghai Elegant Skink

胡华丽 & 项姿勇　摄

雌性

**形态特征**：头体长可达 9cm，尾长约体长的 1.5 倍；生活时成体背部为褐色或灰褐色，体侧有 5 条红暗色斑纹；腹部为灰白色；吻高；全身鳞片光滑，成蜥后腿外侧近股部有不规则排列的大型鳞片；鼻孔位于单枚鼻鳞前部；无后鼻鳞。

**生态学信息**：分布于海拔 100～1 800m 的山区丘陵，栖息于路旁草丛、石缝或树林下溪边乱石堆杂草中；10 月下旬陆续冬眠于树根下或石洞中，翌年 3—4 月陆续出蛰；以各种昆虫为食，春季以蝗虫、鼠妇、蠼螋、蚂蚁及鞘翅目昆虫为主要食物；卵生，繁殖期为 6—7 月。

**濒危和保护等级**：无危（LC）。

雄性

雄性
雌性

| 有鳞目 | 石龙子科 | 滑蜥属 |
| --- | --- | --- |
| Squamata | Scincidae | *Scincella* |

# 09 宁波滑蜥

拉丁学名：*Scincella modesta* 英文名：Modest Ground Skink

**形态特征**：头宽大于颈部，吻鳞宽大于高；无上鼻鳞；背鳞平滑无棱，为体侧鳞宽的2倍；背侧纵纹上缘波状，下缘不规则；扩大的肛前鳞1对；背面古铜色或黄褐色，密布不规则不成行的黑色点斑或褐色小点或线纹，自吻端经鼻孔、眼上方、颈侧、体侧至尾端有一条黑褐色纵纹；侧纵纹下面红棕色，间杂黑斑，体侧灰褐色或深灰色，尾后端色稍浅；腹面灰白或黄灰，无斑；尾下面浅黄或白色；末端黑点密布，尾基部黑点大而稀疏；头背黄棕色或褐色。

**生态学信息**：分布于海拔50～1 900m的平原、山区，栖息于向阳坡面溪边鹅卵石间和草丛下的石缝中；清晨或傍晚时，常见于背光阴处草丛中或枯叶底下石缝间；以昆虫或小动物为食，捕食小蚂蚁、蜘蛛、飞蛾等；卵生，繁殖期为5月。

**濒危和保护等级**：无危（LC）。

| 有鳞目 | 石龙子科 | 光蜥属 |
|---|---|---|
| **Squamata** | **Scincidae** | ***Ateuchosaurus*** |

## 10 光蜥

拉丁学名：*Ateuchosaurus chinensis*　英文名：Chinese Short-limbed Skink

**形态特征**：体形较粗壮；四肢短小，前后贴体相向，相距甚远；无上鼻鳞；吻短而钝圆；吻长等于或略短于眼耳间距，眼较小；背面棕色，每个鳞片中央具一小黑点，边缘较浅或具黑和白色点斑，在体背缀连成行；颈侧深褐色明显，体侧浅黄褐灰色，黑斑点显著；上唇鳞色浅，鳞缘有黑纹。

**生态学信息**：分布于海拔 300 ～ 500m 的山区，栖息于低山区的山脚树木落叶间，水塘边浅草丛或住宅附近竹林下；以昆虫为食；卵生。

**濒危和保护等级**：无危（LC）。

| 有鳞目 | 蜥蜴科 | 草蜥属 |
| --- | --- | --- |
| **Squamata** | **Lacertidae** | ***Takydromus*** |

# 11 北草蜥

拉丁学名：*Takydromus septentrionalis* 英文名：China Grass Lizard

郭 坤 摄

**形态特征：**全长为 15 ～ 31cm；头长约为头宽的 1.14 倍；吻部较窄，吻端锐圆，吻鳞较窄，不入鼻孔；背面为棕绿色，腹面灰白色或灰棕色；背部起棱大鳞通常 6 行，腹鳞 8 行且起棱；尾长为头体长的 2 倍以上，头侧近口缘和体侧近腹部色浅；眼至肩部常有一条窄的线状纵纹，边缘齐整；雄性背鳞之外侧，从顶鳞后缘起到尾基部有一鳞片宽的草绿色齐整的纵纹；体侧有不规则的深色斑。

**生态学信息：**分布于海拔 400 ～ 1 700m 的山地和平原，栖息于草丛中；活动期为 4—9 月，常见于 4—5 月，11 月冬眠；卵生，繁殖期为 4—8 月。

**濒危和保护等级：**无危（LC）。

| 有鳞目 | 蜥蜴科 | 草蜥属 |
| --- | --- | --- |
| **Squamata** | **Lacertidae** | ***Takydromus*** |

# 12 南草蜥

拉丁学名：*Takydromus sexlineatus* 英文名：Asian Grass Lizard

郭 坤 摄

**形态特征：**吻端稍尖窄，头鳞比较粗糙，表面凹凸不平；鼠蹊孔 1 对；尾鳞强棱，具锐突，在尾基背面，由鳞棱形成 4 条高的硬脊；生活时头、体、背橄榄棕色或棕红色，尾部稍浅，头侧至肩部上半为棕褐色，下半为米黄色，一般边缘色深，近于黑色；体侧具镶黑边的绿色圆斑，均匀分布。

**生态学信息：**分布于海拔 700 ～ 1 200m 的山地，栖息于草丛中；以昆虫为食；卵生，繁殖期为 5—6 月。

**濒危和保护等级：**无危（LC）。

郭 坤 摄

郭 坤 摄
南草蜥
郭 坤 摄

| 有鳞目 | 蛇蜥科 | 蛇蜥属 |
|---|---|---|
| **Squamata** | **Anguidae** | ***Dopasia*** |

# 13 脆蛇蜥

拉丁学名：*Dopasia harti*　英文名：Hart's Glass Lizard

**形态特征：**体形与细脆蛇蜥相似，但本种较粗壮；体背浅褐色及灰褐色，部分个体为红褐色；体背前段有 20 多条不规则蓝黑色或天蓝色的横斑及点斑，大部分个体自颈部至尾端有色深形粗的纵线，此纵线延至体后更为清晰，腹面色泽变化大，有的比体背深，有的比体背浅，有的与体背同色，有的标本尾腹比体腹色深；腹部无斑纹。

**生态学信息：**分布于海拔 500 ～ 1 500m 的山区丘陵，栖息于山地土中、石块下、山坡上水稻田间、玉米地、菜地、树洞里、潮湿竹林里和草丛中；有时阵雨后出来活动，行动似蛇，但较缓慢，靠身体左右摆动前进；尾易断，能再生；雌蜥有护卵的习性。

**濒危和保护等级：**濒危（EN），国家二级重点保护动物。

王聿凡　摄

王聿凡　摄

王聿凡　摄

| 有鳞目 | 鬣蜥科 | 棘蜥属 |
|---|---|---|
| **Squamata** | **Agamidae** | ***Acanthosaura*** |

# 14 丽棘蜥

拉丁学名：*Acanthosaura lepidogaster*　英文名：Brown Pricklenape

**形态特征**：眼后棘不发达，长度约为眼径的一半；体鳞大小不一，间杂有大棱鳞；颈鬣发达，与背鬣不连续；后肢贴体前伸达吻眼之间；尾长约为头体长的 1.5 倍，尾背有黑褐色横斑；背腹略扁平，吻钝圆，头长大于头宽，头顶前部较平；头背部为淡黑灰色，体躯灰棕色，体前背中央有一菱形棕黑斑，体背具有黑褐色斑纹，体两侧带有浅绿黄色；四肢背面具黑褐色横纹，并有少数黄色斑；体腹面色浅，有分散不规则黑点斑；尾背有棕黑色环纹 7 ～ 16 个。

**生态学信息**：分布于 400 ～ 1 200m 的山区丘陵，栖息于林下，常活动在路旁、溪边、灌丛下及林下落叶处；行动迅速，爬行时常四肢触地，身体略举起，有时停止行动环视周围，受惊后又继续逃离；卵生，南方在 4 月进入繁殖期。

**濒危和保护等级**：无危（LC）。

| 有鳞目 | 蟒科 | 蟒属 |
| --- | --- | --- |
| **Squamata** | **Pythonidae** | ***Python*** |

# 15 蟒蛇

拉丁学名：*Python bivittatus* 英文名：Burmese Python

**形态特征：** 成体体型巨大，最长可达5m左右；色斑通身棕褐色，体背及两侧有镶黑边的云豹斑纹；腹面黄白色；头颈背面有暗褐色矛形斑，头侧眼前后有一黑色线纹向后斜达口角，眼下另有一黑色纹斜达口缘；头腹黄白色。

**生态学信息：** 分布于海拔100～800m林木茂盛的低山或中山地区，喜攀缘树上或浸泡水中，多于夜晚活动；以有蹄类动物为食，也可吞食其他兔形目、啮齿目等哺乳动物或大型爬行动物；无毒；卵生，3—8月交配。

**濒危和保护等级：** 极危（CR），国家二级重点保护动物。

| 有鳞目 | 闪皮蛇科 | 脊蛇属 |
|---|---|---|
| Squamata | Xenodermidae | *Achalinus* |

# 16 棕脊蛇

拉丁学名：*Achalinus rufescens*　英文名：Boulenger's Odd-scaled Snake

**形态特征**：体型较小的穴居型无毒蛇；头较小，与颈区分不显著；鼻间鳞沟远长于前额鳞沟；眼较小，瞳孔略呈椭圆形，眼径等于其下缘到口缘距离；顶鳞长度大于其前各鳞长度之和；色斑背面棕褐色，有一深色脊纹，占脊鳞及其两侧各半行背鳞宽；腹面米黄色；第二性征雄尾较长，尾下鳞较多。

**生态学信息**：分布于海拔 300 ～ 1 500m 的平原、丘陵或山区，穴居或隐匿生活；以蚯蚓为食；无毒；卵生。

**濒危和保护等级**：无危（LC）。

王聿凡　摄

王聿凡　摄
王聿凡　摄

| 有鳞目 | 闪皮蛇科 | 脊蛇属 |
| --- | --- | --- |
| **Squamata** | **Xenodermidae** | ***Achalinus*** |

# 17 黑脊蛇

拉丁学名：*Achalinus spinalis*　英文名：Peters' Odd-scaled Snake

**形态特征：**体型较小的穴居型无毒蛇；头较小，与颈区分不显著；眼中等大小，眼径等于其下缘到口缘距离。背面黑褐色，略具金属光泽，背脊有一深黑色纵纹，从顶鳞后缘延至尾末，占脊鳞及两侧各半枚背鳞宽；腹鳞色略浅；背鳞披针形；下唇鳞及颏片具疣粒。

**生态学信息：**分布于海拔 2 000m 以下的丘陵、山地，喜穴居生活，常见于田边、茶山，平时隐匿在地下，夜晚或雨天会上地面活动；以蚯蚓为食；无毒；卵生。

**濒危和保护等级：**无危（LC）。

王聿凡　摄

王聿凡　摄
王聿凡　摄

| 有鳞目 | 钝头蛇科 | 钝头蛇属 |
|---|---|---|
| **Squamata** | **Pareidae** | ***Pareas*** |

# 18 福建钝头蛇

拉丁学名：*Pareas stanleyi* 英文名：Stanley's Slug Snake

**形态特征**：小体型略偏大的无毒蛇；体略侧扁，全长为 41 ～ 50cm；头较大，吻端钝圆，头颈区分明显，眼大，瞳孔不明显；头背到颈部有大块黑斑，在颈后裂为两纵线纹；头侧眼后有一黑线纹延伸到颈部；体背面黄褐色或棕黄色，散有黑色细点，细点在局部聚集，形成黑色横纹；腹面呈浅黄白色，偶有稀疏黑褐点。

**生态学信息**：分布于海拔 1 100m 以下的栖息环境，如丘陵、山区耕作地及其附近；以蜗牛、蛞蝓等软体动物为食；无毒；卵生，8 月产卵。

**濒危和保护等级**：易危（VU）。

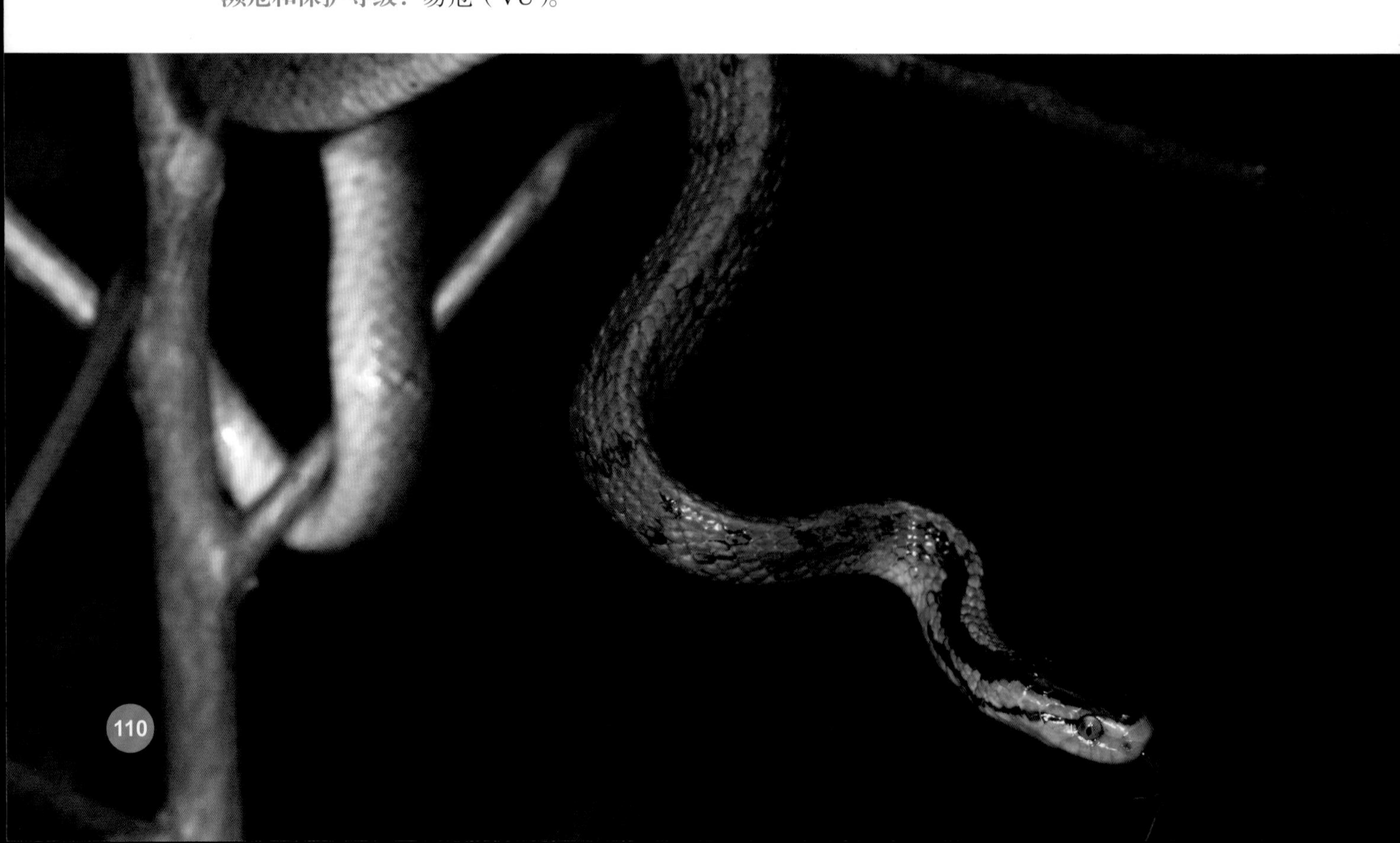

| 有鳞目 | 钝头蛇科 | 钝头蛇属 |
| --- | --- | --- |
| Squamata | Pareidae | *Parea* |

# 19 台湾钝头蛇

拉丁学名：*Pareas formosensis* 英文名：Formosa Slug Snake

**形态特征**：小体型略偏大的无毒蛇；头大颈细，吻端宽圆，前额鳞入眶，颊鳞不入眶；有眶前鳞，尾末端尖细，略具缠绕性；通身黄褐色，有多数不规则的黑横纹；通身背面棕褐色或略带红褐，腹面黄白色；由于多数背鳞散有黑褐色细点，有的鳞片尤为密集粗大，缀连成数十个约等距排列的黑色横纹；枕背呈“W”形黑斑，眼后下方另有一条短黑纹斜向口角。

**生态学信息**：分布于海拔 300 ～ 1 800m 的森林底层或灌丛、潮湿农作地等环境中，夜晚活动觅食；以蜗牛、蛞蝓等软体动物为食；无毒；卵生。

**濒危和保护等级**：近危（NT）。

| 有鳞目 | 蝰蛇科 | 白头蝰属 |
| --- | --- | --- |
| **Squamata** | **Viperidae** | ***Azemiops*** |

# 20 白头蝰

拉丁学名：*Azemiops kharini* 英文名：White-headed Fea Viper

绫 波 摄

**形态特征**：中小等体型具颊窝的管牙类毒蛇；头部白色，有浅黄褐色斑纹；躯干及尾黑褐色或暗紫褐色，有十几条朱红色或浅粉红色窄横纹；躯尾深色的衬托下，头部颜色显得特别浅淡；躯尾背面紫棕色，有成对镶黑边的朱红色窄横纹；头背淡棕灰色，吻及头侧浅粉红色，额鳞正中有一前窄后宽的浅粉红色纵斑，二顶鳞上各有浅粉红色斑，往后斜向顶鳞沟彼此愈合为一，止于顶鳞后缘；头腹浅棕黑色，杂以白色或灰白色纹。

**生态学信息**：分布于海拔 100 ～ 1 600m 的丘陵地区，栖息于草地、麦地草堆下、路边、甘蔗地、甘薯地，有时也发现于住宅附近，甚至进入房舍、牛圈、灶屋、帐顶等处；一般以鼩鼱、幼鼠等小型哺乳动物为食；剧毒；卵生，7—8 月产卵。

**濒危和保护等级**：易危（VU）。

绫 波 摄

幼体 / 陈浩骏　摄

幼体

| 有鳞目 | 蝰蛇科 | 原矛头蝮属 |
| --- | --- | --- |
| **Squamata** | **Viperidae** | ***Protobothrops*** |

# 21 原矛头蝮

拉丁学名：*Protobothrops mucrosquamatus* 英文名：Brown Spotted Pitviper

丁国骅 摄

**形态特征：**中等体型具颊窝的管牙类毒蛇；头呈三角形，与颈区分明显；躯体及尾均较长；通身黄褐色或棕褐色，背脊有一行粗大的波浪状暗紫色斑；体尾背面棕褐色到红褐色，正背有一行镶浅黄色边的粗大逗点状暗紫色斑，体侧尚各有一行暗紫色斑块；腹面浅褐色，整体上交织成深浅错综的网纹；头背棕褐色，有一略呈"Λ"形的暗褐色斑，眼后到颈侧有一暗褐色纵线纹，唇缘色稍浅；头腹浅褐色，有的散以深棕色细点。

**生态学信息：**分布于海拔 80 ～ 2 200m 的丘陵地区，栖息于竹林、灌丛茶山、耕地、溪畔，也常到住宅附近草丛、垃圾堆、柴草、石缝间活动，甚至进入室内；以鸟、鼠、蛙、蛇及食虫目动物为食；剧毒；卵生，7 月下旬或 8 月上旬产卵。

**濒危和保护等级：**无危（LC）。

| 有鳞目 | 蝰蛇科 | 尖吻蝮属 |
| --- | --- | --- |
| **Squamata** | **Viperidae** | ***Deinagkistrodon*** |

# 22 尖吻蝮

拉丁学名：*Deinagkistrodon acutus* 英文名：Chinese Moccasin

项姿勇 摄

**形态特征：**中大体型具颊窝的管牙类毒蛇；头三角形，与颈区分明显；吻尖上翘；体形粗短；尾短而较细。吻鳞高而上部窄长；背面棕褐色或黑褐色，前后两方斑彼此呈一尖角相接，方斑边缘浅褐，中央色略深；腹面白色，有交错排列的黑褐色斑；头背黑褐，自吻棱经眼斜向至口角以下为黄白色，偶有少许黑褐色点；头腹及喉部为白色，散有稀疏黑褐色点；尾背后段纯黑褐色；尾腹面白色，散有疏密不等的黑褐色。

**生态学信息：**分布于海拔 100 ～ 1 400m 的山区或丘陵地带，大多栖息在 300 ～ 800m 的山谷溪涧附近，偶尔也进入山区村宅，出没于厨房与卧室之中，与森林息息相关；炎热天气，会进入山谷溪流边的岩石、草丛、树根下的阴凉处度夏，冬天在向阳山坡的石缝及土洞中越冬，翌年惊蛰出蛰；剧毒；卵生，8—9 月产卵。

**濒危和保护等级：**濒危（EN）。

| 有鳞目 | 蝰蛇科 | 烙铁头属 |
| --- | --- | --- |
| **Squamata** | **Viperidae** | ***Ovophis*** |

# 23 台湾烙铁头

拉丁学名：*Ovophis makazayazaya*　英文名：Taiwan mountain pitviper

幼体 / 陈浩骏　摄

**形态特征：**中等偏小体型具颊窝的管牙类毒蛇；头呈三角形；躯体较粗短；体尾背面黄褐色或红褐色，正背有一行似城垛状的灰褐色或暗红色或橙红色或鲜橙色斑纹；色斑体尾背面棕褐色，正背有两行略成方形的深棕色或黑褐色大斑，腹面带白色，散有棕褐色细点，各腹鳞的斑块前后交织成网纹；头背及头侧黑褐色，吻端、吻棱经眼上方向后达颌角、上唇缘为浅褐色；头腹浅褐色，散有不等的深棕色细点。

**生态学信息：**分布于海拔 300 ～ 2 600m 的山区，栖息于灌丛、茶山、耕地，也会到路边、农舍周围、柴草堆，夜间活动；以鼠类、食虫类哺乳动物为食，也吃蜥蜴和农村饲养的家禽；剧毒；卵生。

**濒危和保护等级：**近危（NT）。

幼体 / 陈浩骏　摄

朱滨清　摄

朱滨清　摄

| 有鳞目 | 蝰蛇科 | 绿蝮属 |
| --- | --- | --- |
| **Squamata** | **Viperidae** | ***Viridovipera*** |

# 24 福建竹叶青蛇

拉丁学名：*Viridovipera stejnegeri* 英文名：Chinese Green Tree Viper

冯 磊 摄

**形态特征**：中等体型具颊窝的管牙类毒蛇；头呈三角形，与颈区分明显，头背都是小鳞，只有鼻间鳞与眶上鳞略大；躯体粗细正常，尾具缠绕性；通身以绿色为主，尾背及尾尖焦红色；头背绿色，上唇稍浅，眼亦呈橙色或红色；头腹浅黄白色。

**生态学信息**：栖息于山区溪沟边、草丛、灌木上、竹林中、岩壁或石上，以各种水域附近为多见，傍晚或夜间最活跃；以蛙和蜥蜴为食，也吃鼠类；剧毒；卵胎生，8 月下旬产仔。

**濒危和保护等级**：无危（LC）。

| 有鳞目 | 水蛇科 | 沼蛇属 |
| --- | --- | --- |
| **Squamata** | **Homalopsidae** | ***Myrrophis*** |

# 25 中国水蛇

拉丁学名：*Myrrophis chinensis* 英文名：Chinese Mud Snake

绫 波 摄

**形态特征**：中小体型的水栖型后沟牙类毒蛇；背侧左右各有稀疏黑色点斑2行，腹面呈黑红相间横斑；头背棕褐，上唇色浅而散有褐斑；头腹污白色，亦散有褐色细点；体尾背面棕褐色；腹面污白色（生活时土红色），腹鳞较窄；基部约一半黑褐色，从整体看呈黑色横纹；尾下鳞污白，缘黑褐，在成对的尾下鳞沟缀连成尾腹正中的一条纵折线。

**生态学信息**：分布于海拔320m以下平原丘陵的流溪、农耕区水渠等静水水域，亦见于水田、池塘；以泥鳅、小鱼、小型蛙类为食；低毒；卵胎生，秋季产仔。

**濒危和保护等级**：易危（VU）。

绫 波 摄

绫 波 摄



腹部/绫 波 摄

| 有鳞目 | 水蛇科 | 铅色蛇属 |
| --- | --- | --- |
| Squamata | Homalopsidae | *Hypsiscopus* |

# 26 铅色水蛇

拉丁学名：*Hypsiscopus plumbea*　英文名：Boie's Mud Snake

**形态特征：**体型较小的水栖型后沟牙类毒蛇；头略大，与颈可以区分；左右鼻鳞相接，鼻间鳞单枚，鼻孔背侧位；眼较小，瞳孔椭圆形；体粗尾短；背面铅灰色无斑，腹面污白色；尾下鳞边缘铅灰色，左右尾下鳞相接处深色显著，前后串联形成尾腹面正中的一条深色折线纹。

**生态学信息：**分布于海拔 980m 以下的稻田、水塘、水库等静水水域，亦见于路边、草地或烂稻草堆，多于黄昏或夜晚活动；以泥鳅、鳝、其他鱼类、小型蛙类为食；低毒；卵胎生，5—6 月产仔。

**濒危和保护等级：**易危（VU）。

| 有鳞目 | 屋蛇科 | 紫沙蛇属 |
| --- | --- | --- |
| Squamata | Lamprophiidae | *Psammodynastes* |

# 27 紫沙蛇

拉丁学名：*Psammodynastes pulverulentus* 英文名：Common Mock Viper

钟俊杰 摄

绫 波 摄

**形态特征：**中等偏小体型的后沟牙类毒蛇；头颈可以区分；头背紫褐色，有镶浅褐色边的暗紫色纵纹数条；背面紫褐色，有多数呈不规则“Λ”形镶暗紫色的浅褐色斑，有的无此类斑纹而仅有不规则排列的深棕色短折线，体侧有略呈深浅相间的纵纹数条；腹面淡黄色，密布紫褐色细点，或有紫褐色纵线或点线数行；在潮湿地方体色较深，在干燥环境则体色变浅。

**生态学信息：**分布于海拔 1 600m 以下的平原、山地地区，栖息于林荫下水草丰茂的地方，亦见于住宅附近路边或石缝内；以蛙、蜥蜴为食，偶尔也吃蛇；低毒；卵胎生。

**濒危和保护等级：**无危（LC）。

绫 波 摄

绫 波 摄

绫 波 摄

| 有鳞目 | 眼镜蛇科 | 环蛇属 |
| --- | --- | --- |
| Squamata | Elapidae | *Bungarus* |

# 28 银环蛇

拉丁学名：*Bungarus multicinctus* 英文名：Many-banded Krait

丁国骅 摄

**形态特征：**中等略偏大体型的前沟牙类毒蛇；头椭圆而略扁，吻端圆钝，与颈略可区分；鼻孔较大；眼小，瞳孔圆形；躯干圆柱形；尾短，末端略尖细。背面黑色或黑褐色，通身背面有黑白相间的横纹；头背黑色，枕及颈背有污白色的“Λ”形斑；背脊中部具六边形的大脊鳞。

**生态学信息：**分布于海拔 1 300m 以下的平原、丘陵、山地等地区，几乎无处不在；白昼蛰伏于石缝、树洞、坟穴、灌丛、草堆等凡能藏身之处，傍晚外出到水域及其附近觅食；11 月冬眠，翌年 5 月出蛰；以鱼、鳝、泥鳅、蛙、蜥蜴、蛇、鼠等为食；华东地区毒性最强的陆栖蛇类；卵生，6 月产卵。

**濒危和保护等级：**易危（VU）。

| 有鳞目 | 眼镜蛇科 | 眼镜蛇属 |
| --- | --- | --- |
| Squamata | Elapidae | *Naja* |

# 29 舟山眼镜蛇

拉丁学名：*Naja atra* 英文名：Chinese Cobra

陈静怡 摄

**形态特征**：中大体型的前沟牙类毒蛇；受惊扰时，常竖立前半身，颈部平扁扩大，作攻击姿态，同时颈背露出呈双圈的“眼镜”状斑纹；体色一般黑褐或暗褐，背面有或无白色细横纹，幼蛇多有之，随年龄增长逐渐模糊不清甚至全无；腹面前段污白色，后部灰黑色或灰褐色。

**生态学信息**：分布于海拔 70 ～ 1 630m 的平原丘陵和低山，栖息于耕作区、路边、池塘附近、住宅院内，多于白天活动；食性广，以蛙、蛇为主，鸟、鼠次之，也吃蜥蜴，泥鳅、鳝及其他小鱼等；剧毒；卵生，5—6 月交配，7—8 月产卵。

**濒危和保护等级**：易危（VU）。

| 有鳞目 | 眼镜蛇科 | 眼镜王蛇属 |
|---|---|---|
| **Squamata** | **Elapidae** | ***Ophiophagus*** |

# 30 眼镜王蛇

拉丁学名：*Ophiophagus hannah* 英文名：King Cobra

**形态特征**：世界上体型最大的前沟牙类毒蛇；全长一般可达 2 ～ 3m，大个体可达 4m 以上；与具同样特点的舟山眼镜蛇和孟加拉眼镜蛇两种眼镜蛇的区别是：眼镜王蛇颈背没有“眼镜”状斑纹，而头背顶鳞正后另有一对较大的枕鳞；色斑体尾背面黑褐色，颈背有“Λ”形黄白色斑，颈以后有镶黑边较窄的白色横纹；腹面灰褐色；幼蛇色斑远较成体鲜艳：除体尾背面具鲜黄色横纹外，头背还有 2 条鲜黄色细横纹。

**生态学信息**：分布于海拔 200 ～ 1 800m 的低地、丘陵等地区；栖息于水源丰富、林木茂盛的地方，也见于田边、小河边、村寨屋前，可攀缘上树，白天活动；以蛇类为食，也捕食鸟类与鼠类；剧毒；卵生，6 月产卵。

**濒危和保护等级**：濒危（EN），国家二级重点保护动物。

王聿凡 摄

王聿凡 摄

| 有鳞目 | 眼镜蛇科 | 华珊瑚蛇属 |
| --- | --- | --- |
| Squamata | Elapidae | *Sinomicrurus* |

# 31 福建华珊瑚蛇

拉丁学名：*Sinomicrurus kelloggi*　英文名：Kellogg's Coral Snake

野 泉 摄

**形态特征**：小体型的前沟牙类毒蛇；头较小，与颈区分不明显；躯干圆柱形；头背黑色，有1黄白色“Λ”形斑；背鳞通身15行；头背色黑，有2条黄白色横纹，前条细且横跨两眼，后条较粗；背面红褐色，有1枚鳞宽的黑横纹；腹面白色，各腹鳞无或有长短不等的黑横斑。

**生态学信息**：栖息于海拔300～1 200m的山区森林地区；以蛇类和蜥蜴类为食；剧毒；卵生。

**濒危和保护等级**：易危（VU）。

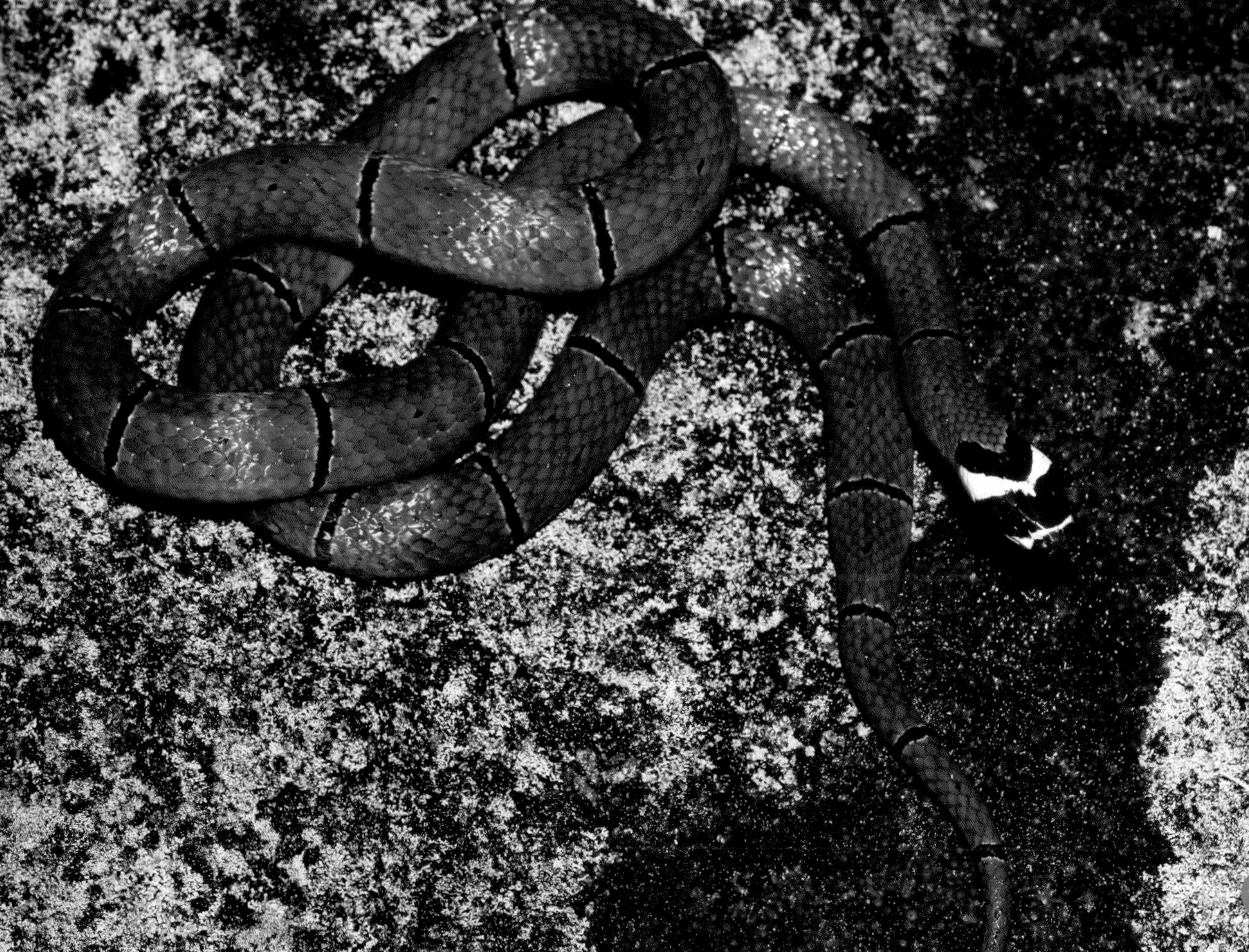

| 有鳞目 | 眼镜蛇科 | 华珊瑚蛇属 |
| --- | --- | --- |
| Squamata | Elapidae | *Sinomicrurus* |

# 32 中华珊瑚蛇

拉丁学名：*Sinomicrurus macclellandi* 英文名：MacClelland's Coral Snake

丁国骅 摄

**形态特征**：小体型的前沟牙类毒蛇；头背黑色，有黄白色的宽横斑；背鳞通身 13 行；有两条黄白色横纹，前条细，横跨两眼，后条宽大；腹面黄白色，各腹鳞无或有长短不等的黑横斑。

**生态学信息**：分布于海拔 200 ～ 2 500 m 的丘陵或山区森林，见于路边、茶山溪边，甚至住房内水缸旁，夜间活动觅食；以小型蛇和蜥蜴为食；剧毒；卵生。

**濒危和保护等级**：易危（VU）。

| 有鳞目 | 游蛇科 | 林蛇属 |
|---|---|---|
| **Squamata** | **Colubridae** | ***Boiga*** |

# 33 绞花林蛇

拉丁学名：*Boiga kraepelini* 英文名：Kelung Cat Snake

胡华丽 摄

**形态特征**：体型中等的林栖型后沟牙类毒蛇；全长为 81 ～ 150cm；头大，与颈区分明显，躯干甚长而略侧扁，尾细长，适于缠绕；颞部鳞片较小，不成列；脊鳞不扩大或略大于相邻背鳞；色斑头背有深棕色尖端向前的“Λ”形斑，始自吻端，分支达颌角；通体背面灰褐色或浅紫褐色，躯尾正背有一行粗大而不规则镶黄边的深棕色斑，有的地方前后相连成波纹；腹面白色，密布棕褐或浅紫褐色点。

**生态学信息**：分布于海拔 300 ～ 1 100m 的山区、丘陵地区，有攀缘习性，常栖溪沟旁灌木上或茶山矮树上，亦见于流溪旁岩石上，也到住宅附近；以小型鸟类、鸟卵、蜥蜴类为食物；低毒；卵生。

**濒危和保护等级**：无危（LC）。

| 有鳞目 | 游蛇科 | 林蛇属 |
| --- | --- | --- |
| **Squamata** | **Colubridae** | ***Boiga*** |

# 34 繁花林蛇

拉丁学名：*Boiga multomaculata*　英文名：Many-spotted Cat Snake

**形态特征**：中等偏大体型的林栖型后沟牙类毒蛇；头大，与颈区分明显，躯尾细长，适于缠绕；颞部鳞片正常，脊鳞显著大于相邻背鳞；色斑头背有一深棕色尖端向前的“V”形斑；另有2深棕色纵纹自吻端分别沿头侧经眼斜达颌角；通体背面浅褐色，正背有深棕色粗大点斑2行，彼此交错排列，体侧各有一行较小的深棕色点斑；每一腹鳞上有数个略呈三角形的浅褐色斑。

**生态学信息**：分布于海拔650m以下的平原、丘陵地区，栖息于山麓平原或丘陵林木茂盛的地方；善于攀缘，多于夜间活动捕食；以鸟类、树蜥等为食；低毒；卵生。

**濒危和保护等级**：无危（LC）。

王聿凡　摄

王聿凡　摄

王聿凡　摄

| 有鳞目 | 游蛇科 | 小头蛇属 |
| --- | --- | --- |
| **Squamata** | **Colubridae** | ***Oligodon*** |

# 35 中国小头蛇

拉丁学名：*Oligodon chinensis*　英文名：Chinese Kukri Snake

**形态特征**：中小体型的无毒蛇；头较小，与颈区分不明显；吻鳞从头背可见甚多；肛鳞完整；头背有略似“人”字形斑。体尾背面有粗大横斑10余条；体尾背面褐色或灰褐色，有约等距排列的黑褐色粗横纹14～20条，每2条粗横纹之间有黑色细纹，有的个体背脊还有1条红黄色纵脊纹；腹面淡黄色，腹鳞有侧棱，棱处白色，整体呈白色纵纹；吻背有1略呈三角形的黑褐色斑，其两外侧经眼斜达第五、第六上唇鳞。

**生态学信息**：分布于海拔500m左右的平原、丘陵地区；以爬行动物的卵为食；无毒；卵生。

**濒危和保护等级**：无危（LC）。

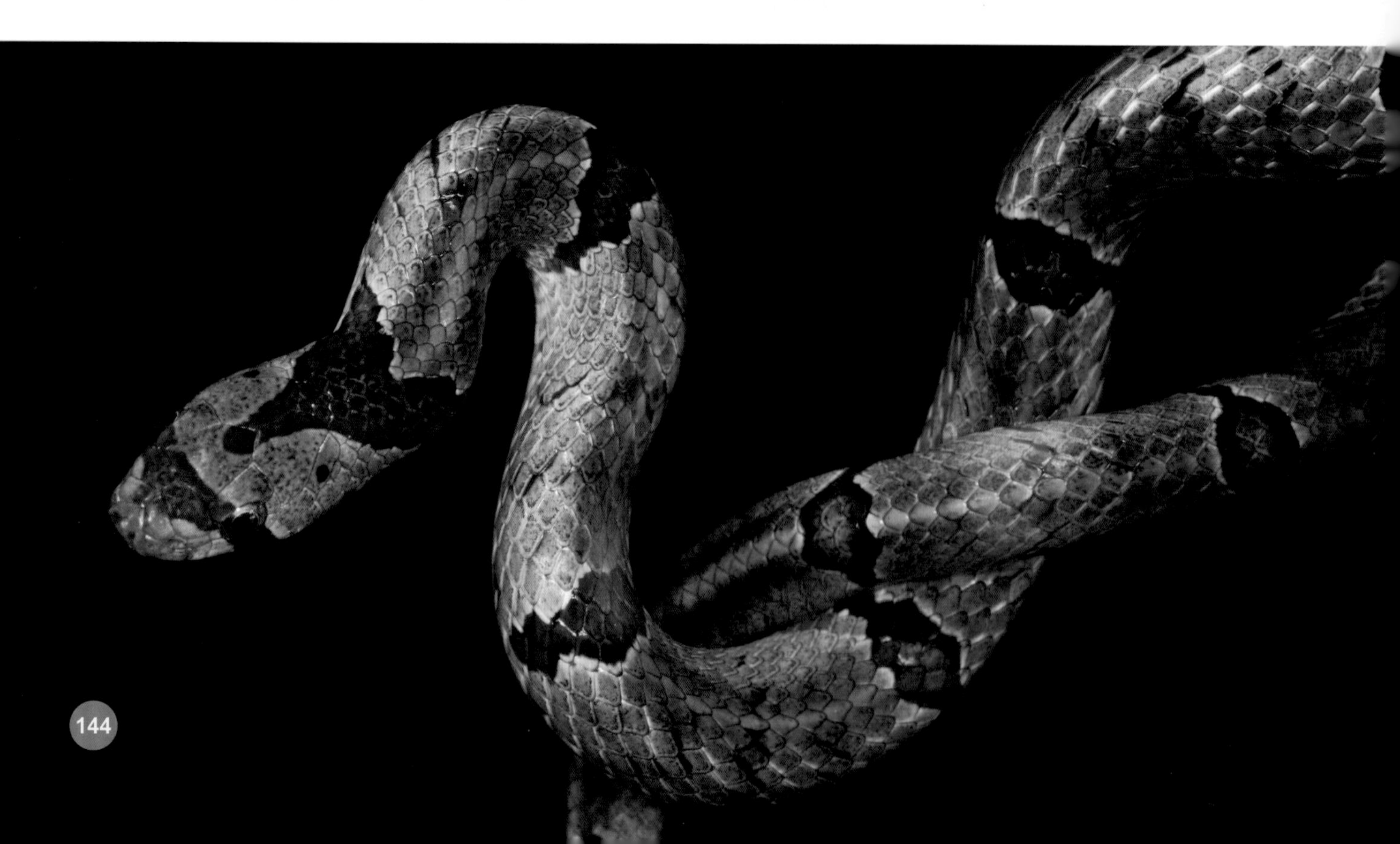

| 有鳞目 | 游蛇科 | 小头蛇属 |
|---|---|---|
| **Squamata** | **Colubridae** | ***Oligodon*** |

# 36 台湾小头蛇

拉丁学名：*Oligodon formosanus* 英文名：Formosa Kukri Snake

钟俊杰 摄

**形态特征：**中小体型的无毒蛇；头较小，与颈区分不明显；吻鳞从头背可见甚多；有鼻间鳞，有颊鳞，头背有略似“灭”字形斑。体尾背面有部分背鳞缘黑形成的黑褐色横纹，有的个体还有两条红褐色纵线；腹面黄白色。

**生态学信息：**分布于海拔 500m 左右的平原、丘陵地区，曾见于田埂石块间、农村房屋旁；以爬行动物的卵为食；无毒；卵生。

**濒危和保护等级：**近危（NT）。

| 有鳞目 | 游蛇科 | 翠青蛇属 |
| --- | --- | --- |
| **Squamata** | **Colubridae** | ***Cyclophiops*** |

# 37 翠青蛇

拉丁学名：*Cyclophiops major*　英文名：Chinese Green Snake

**形态特征：**中等偏大体型的陆栖无毒蛇；头略大，与颈区分明显；眼大，瞳孔圆形；躯尾修长适度；背面纯绿，下颌、颔部及躯尾腹面浅黄绿色，头及躯尾背面纯绿色，偶可遇见通体蓝色的个体。

**生态学信息：**分布于海拔 1 700m 以下的平原、丘陵地区，多在农耕区的地面，或攀附作物、竹木上，或藏于石下，在路边、溪畔、河岸、草丛、住宅附近都有发现；以蚯蚓、昆虫幼虫为食；无毒；卵生。

**濒危和保护等级：**无危（LC）。

| 有鳞目 | 游蛇科 | 鼠蛇属 |
| --- | --- | --- |
| Squamata | Colubridae | *Ptyas* |

# 38 乌梢蛇

拉丁学名：*Ptyas dhumnades* 英文名：Big-eye Keel-backed Snake

苏以吉 摄

**形态特征**：大体型的陆栖无毒蛇；成年个体全长可达 2.5m 以上；通身绿褐色，有黑色纵线 4 条；与相近种黑线乌梢蛇的区别是：成年蛇的黑线前部可见，后部模糊不清或消失；幼蛇通身鲜绿色，有 4 条黑色纵线贯穿体尾；腹面污白色；头背褐色无斑，头腹黄白色。

**生态学信息**：分布于海拔 2 000m 以下的平原、丘陵或山区，出没于耕作地及其周围、水域附近，白天活动；以蛙类为食，也吃鱼类和小型哺乳动物；无毒；卵生。

**濒危和保护等级**：易危（VU）。

| 有鳞目 | 游蛇科 | 鼠蛇属 |
|---|---|---|
| **Squamata** | **Colubridae** | ***Ptyas*** |

# 39 灰鼠蛇

拉丁学名：*Ptyas korros*　英文名：Chinese Ratsnake

绫 波 摄

**形态特征**：大体型的无毒蛇，体长在1.5m左右；头较长，吻鳞高，眼大，瞳孔圆形，躯尾修长；背面由于每一背鳞的中间色深，游离缘略黑，而两侧角色略白，前后缀连在整体形成深浅色相间的若干纵纹；腹面除腹鳞两外侧色稍深外，其余均白色无斑；头背棕，头腹及颔部浅黄色。

**生态学信息**：分布于海拔100～1 630m的平原、丘陵和山区，见于灌丛、杂草地、路边、各种水域附近、耕作地近旁沟渠边等，也会进入居民区内，多于白天活动，常栖灌木上；以蛙、蜥蜴、鸟及鼠类等为食；无毒；卵生，5—6月产卵。

**濒危和保护等级**：易危（VU）。

绫 波 摄

绫 波 摄
绫 波 摄

| 有鳞目 | 游蛇科 | 鼠蛇属 |
| --- | --- | --- |
| **Squamata** | **Colubridae** | ***Ptyas*** |

# 40 滑鼠蛇

拉丁学名：*Ptyas mucosa*　英文名：Oriental Ratsnake

形态特征：大体型的无毒蛇，成体体长可达2.5m以上；背面棕褐，部分背鳞边缘或一半黑色，形成不规则黑色横斑，在尾背则成网纹；腹面黄白色；腹鳞游离缘黑褐色。

生态学信息：分布于海拔150～3 000m的平原、丘陵和山区，白天多在水域附近活动；以蟾蜍、蜥蜴、蛇、鸟与鼠等为食；无毒；卵生，5—7月产卵。

濒危和保护等级：濒危（EN）。

| 有鳞目 | 游蛇科 | 树栖锦蛇属 |
| --- | --- | --- |
| **Squamata** | **Colubridae** | ***Gonyosoma*** |

# 41 灰腹绿锦蛇

拉丁学名：*Gonyosoma frenatum* 英文名：Khasi Hills Trinket Snake

**形态特征**：中等偏大体型的无毒蛇；体尾背面绿色，腹面浅黄；头侧有一黑纵线始自鼻孔，经眼到颌角，此黑线以下的上唇浅黄色；头腹浅黄白色；幼蛇的颜色、斑纹与成体差别很大：通身背面藕灰色；鳞间皮肤或部分背鳞边缘色黑，形成若干黑色短纵纹；头背主要鳞片的鳞沟黑色。

**生态学信息**：分布于海拔 200～1 600m 的山地、丘陵，常见于树木茂盛的林中，具攀缘上树能力，曾见于山坡梯田、田埂灌木及溪畔灌木上；以鸟、蜥蜴、鼠类为食；无毒；卵生。

**濒危和保护等级**：无危（LC）。

| 有鳞目 | 游蛇科 | 白环蛇属 |
| --- | --- | --- |
| Squamata | Colubridae | *Lycodon* |

# 42 黄链蛇

拉丁学名：*Lycodon flavozonatus*　英文名：Yellow-Banded Big Tooth Snake

野 泉 摄

**形态特征：**中等体型的无毒蛇；全长为 80cm 左右；头略大，吻端宽扁，与颈可以区分，眼小，瞳孔直立椭圆形；躯尾较长；背面黑褐色，有约等距排列的多数黄色窄横斑；体尾背面黑褐色，横斑宽占半枚鳞长，尾后的分叉不明显；腹面污白色；枕背有“Λ”形黄色斑，尖端始自顶鳞后，分叉斜达口角。

**生态学信息：**分布于海拔 600～1 200m 的丘陵、山区，栖息于植被繁茂的水域附近；以鸟、蜥蜴或其他蛇类为食；无毒；卵生。

**濒危和保护等级：**无危（LC）。

| 有鳞目 | 游蛇科 | 白环蛇属 |
|---|---|---|
| Squamata | Colubridae | *Lycodon* |

# 43 赤链蛇

拉丁学名：*Lycodon rufozonatus*　英文名：Red-banded Snake

野 泉 摄

**形态特征：** 中等偏大体型的无毒蛇；头略大，吻端宽扁，与颈可以区分；眼小，瞳孔直立椭圆形；躯尾较长；背面黑褐色，有约等距排列的红色横斑；体尾背面黑褐色；头背黑褐色，鳞沟红色；枕背具“Λ”形红色斑；头腹污白色，散有少数黑褐色点斑。

**生态学信息：** 分布于海拔 1 800m 以下的平原、丘陵、山区，多见于田野和村舍附近，在傍晚或夜间活动觅食；以蟾、蛙、蜥蜴、蛇、鸟、鼠等为食；无毒；卵生，5—6 月交配，7—8 月产卵。

**濒危和保护等级：** 无危（LC）。

| 有鳞目 | 游蛇科 | 白环蛇属 |
| --- | --- | --- |
| **Squamata** | **Colubridae** | ***Lycodon*** |

# 44 黑背白环蛇

拉丁学名：*Lycodon ruhstrati*　英文名：Mountain Wolf Snake

**形态特征**：中等体型的无毒蛇；体细长，全长为 62 ～ 88cm，最长可达 1m；头略大而稍扁，与颈略可区分；眼略小，瞳孔直立椭圆形；背面黑褐色或褐色，有污白色横纹，头背黑褐色，枕部灰白色；体尾背面有黑白相间横纹；腹面污白色；头背亮黑色，上唇鳞白色而鳞沟多黑褐色，领部色浅。

**生态学信息**：分布于海拔 400 ～ 1 000m 的山区和丘陵地带，常在林中灌丛、草丛、田间、溪边、路旁活动，栖息于山地、山坡、山溪内石上、阴沟石缝等地；以蜥蜴、壁虎、昆虫等为食；无毒；卵生。

**濒危和保护等级**：无危（LC）。

| 有鳞目 | 游蛇科 | 玉斑蛇属 |
| --- | --- | --- |
| **Squamata** | **Colubridae** | ***Euprepiophis*** |

# 45 玉斑锦蛇

拉丁学名：*Euprepiophis mandarinus* 英文名：Mandarin Ratsnakes

丁国骅 摄

绫 波 摄

**形态特征：** 中等偏大体型的陆栖无毒蛇；体尾背面黄褐色、灰色或浅紫灰色，正背有一行大的黑色菱形斑；菱形斑中心黄色；外侧亦镶黄色边，体侧有紫红色斑；腹面黄白色，散以左右交错排列的黑色方斑；头背黄色，具 3 条黑斑：第一条横跨吻背；第二条横跨两眼，在眼下分 2 支分别达口缘；第三条为“Λ”形，其尖端始自额鳞，左右支分别斜经口角达喉部。

**生态学信息：** 分布于海拔 200 ～ 1 400m 的平原、丘陵、山地，栖息于林中、流溪边、草丛路边、居民点附近；以小型哺乳动物（如鼠、鼹鼠）、蜥蜴及其卵等为食；无毒；卵生，6—7 月产卵。

**濒危和保护等级：** 易危（VU）。

绫 波 摄

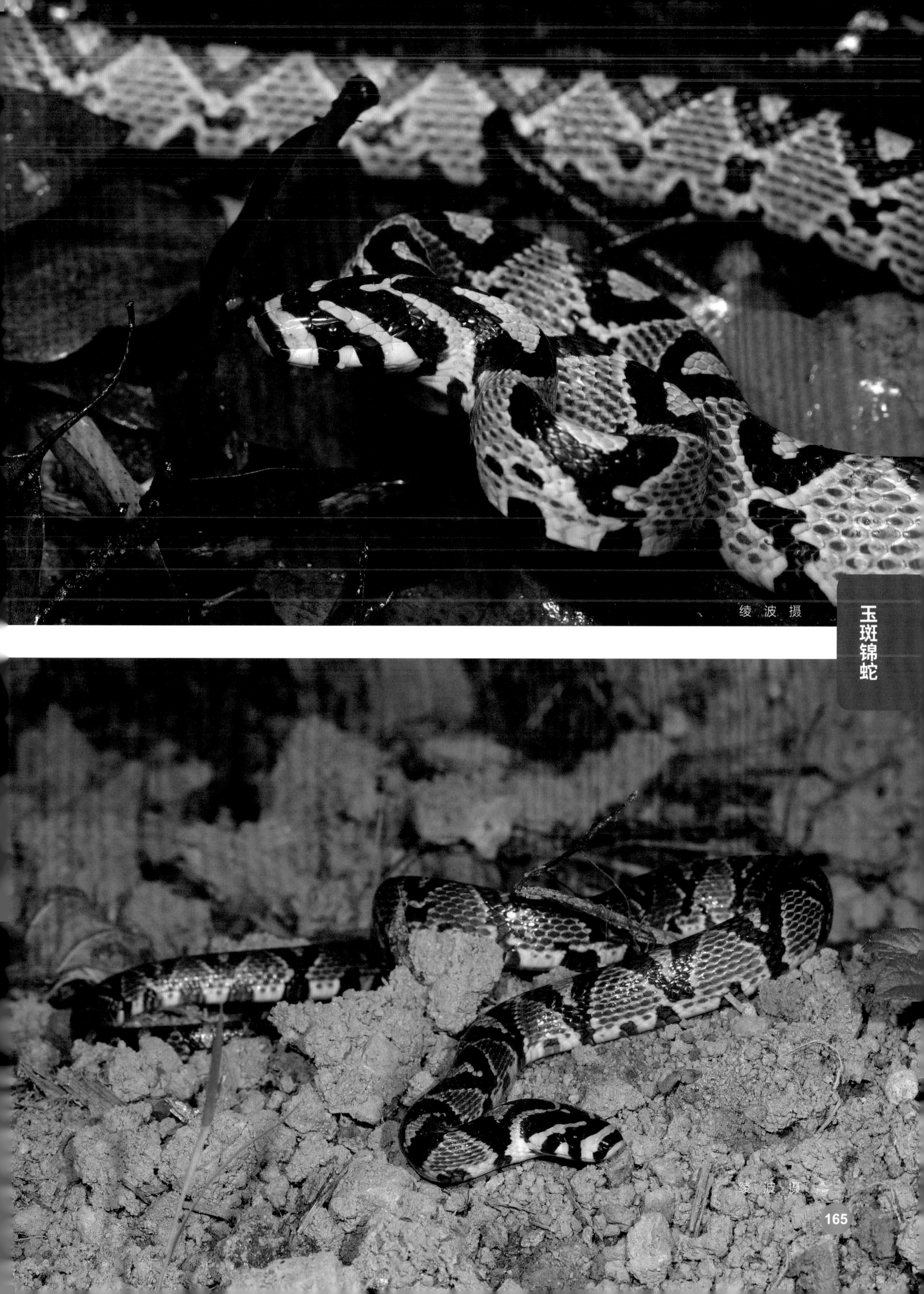
绫 波 摄
绫 波 摄

| 有鳞目 | 游蛇科 | 紫灰蛇属 |
| --- | --- | --- |
| **Squamata** | **Colubridae** | ***Oreocryptophis*** |

# 46 紫灰锦蛇

拉丁学名：*Oreocryptophis porphyraceus*　英文名：Black-banded Trinket Snake

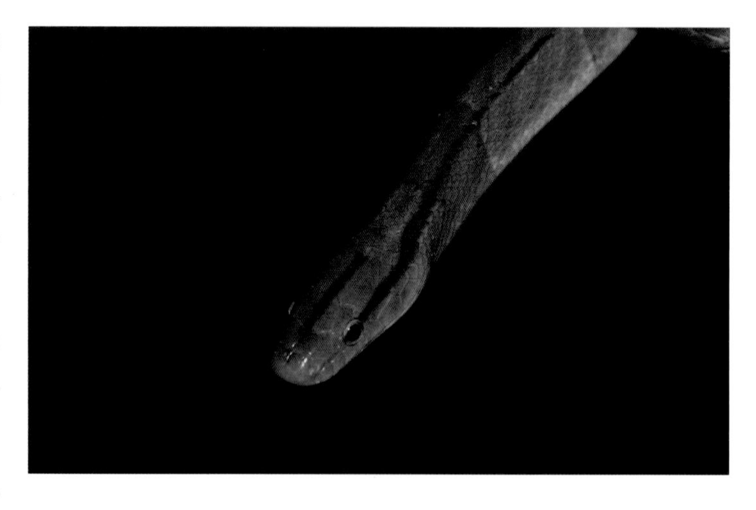

**形态特征：**中等体型的陆栖无毒蛇；头略大，与颈明显区分；鼻孔侧位，略近鼻鳞前半；眼略小，瞳孔圆形；躯尾修长适度；头背有黑色粗纵纹 3 条，体尾背面有深色侧纵线 2 条及若干马鞍形斑；通身背面淡褐色，体尾背面还有若干马鞍形斑，斑中央色浅紫褐，边缘为暗紫褐细线；鞍形斑宽在背脊占 3 ～ 7 枚鳞；尾背无斑，但 2 条侧纵线贯穿全身；头背有黑色粗纵纹 3 条。

**生态学信息：**分布于海拔 200 ～ 2 400m 的山区，栖息于森林、茶山、农耕地、溪沟边、山路旁、秧田、村舍附近；以鼠类等小型哺乳动物为食；无毒；卵生，7 月产卵。

**濒危和保护等级：**无危（LC）。

| 有鳞目 | 游蛇科 | 锦蛇属 |
| --- | --- | --- |
| **Squamata** | **Colubridae** | ***Elaphe*** |

# 47 王锦蛇

拉丁学名：*Elaphe carinata*　英文名：Taiwan Stink Snake

野 泉 摄

**形态特征：**大体型的陆栖无毒蛇，体形粗壮，成体体长可达2m以上；头略大，与颈明显区分；眼大小适中，瞳孔圆形；背面鳞片色暗褐，部分鳞沟色黑，整体呈深浅交替的横纹；头背棕黄色，鳞沟色黑，形成黑色“王”字；幼蛇色斑与成体迥然不同：通身浅藕褐色，鳞间皮肤略黑，织成横斑；枕后有一短纵纹；腹面肉色。

**生态学信息：**分布于海拔100～2 200m的平原、丘陵和山地，栖息于河边、库区及田野，动作敏捷，性情较凶狠，爬行速度快，会攀岩上树；以鼠类、蛙类、鸟类及鸟蛋为食，有较强的食蛇性，尤其在食物短缺时甚至残食同类；无毒；卵生，6—7月产卵。

**濒危和保护等级：**濒危（EN）。

| 有鳞目 | 游蛇科 | 锦蛇属 |
|---|---|---|
| **Squamata** | **Colubridae** | ***Elaphe*** |

# 48 黑眉锦蛇

拉丁学名：*Elaphe taeniura*　英文名：Beauty Snake

冯 磊 摄

绫 波 摄

**形态特征**：体型较大的无毒蛇，成体可达 2m 以上；头部黄绿色，眼后有一道粗黑“眉”纹，故名黑眉锦蛇。躯尾背面具黄绿色斑，前段有黑色梯纹或断离成多个蝶形纹，体后段此纹渐无，代之以 4 条黑纵线，伸延至尾末；腹面灰白色或略带淡黄色，但前端、尾部及体侧为黄色，两侧黑色。

**生态学信息**：分布于海拔 3 000m 以下的平原、丘陵和山区，见于路边、耕作地、竹林、苗圃、桥旁大树上，也见于城镇或农家附近，甚至进入室内；主要捕食鼠类，亦以鸟、蛙类等为食，有时也偷袭家禽；无毒；卵生，7—8 月产卵。

**濒危和保护等级**：易危（VU）。

绫 波 摄

绫 波 摄

| 有鳞目 | 游蛇科 | 滞卵蛇属 |
| --- | --- | --- |
| **Squamata** | **Colubridae** | ***Oocatochus*** |

# 49 红纹滞卵蛇

拉丁学名：*Oocatochus rufodorsatus*　英文名：Frog-eating Rat Snake

**形态特征：**小体型略偏大的半水栖无毒蛇；背面红褐色，尤以背脊正中 1 条红色纵纹为特征；两侧有 4 条暗褐色纵纹，有时断离为点斑或窄长椭圆形斑；背面以纵纹为主，背脊正中 1 条纵纹红色，其两侧各有 2 条暗褐色纵纹，有时断离为点斑或呈不完整的弧形斑，这些斑纹之间亦显红褐色；头背有尖端向前的倒“V”形套叠的黑褐色纹，其两分支向后与背面的纵纹相连。

**生态学信息：**分布于海拔 1 000m 以下的平原和丘陵地区；以泥鳅、黄鳝等为食，也吃蛙类及其蝌蚪、螺类及其他鱼类等；无毒；卵胎生，7—9 月产仔。

**濒危和保护等级：**无危（LC）。

绫 波 摄

红纹滞卵蛇

王聿凡　摄

| 有鳞目 | 两头蛇科 | 两头蛇属 |
|---|---|---|
| **Squamata** | **Calamariidae** | ***Calamaria*** |

# 50 钝尾两头蛇

拉丁学名：*Calamaria septentrionalis* 英文名：Hong Kong Dwarf Snake

野 泉 摄

**形态特征：** 小体型的穴居无毒蛇；头小，与颈不分，通身圆柱形，尾极短而末端圆钝；背鳞酱褐色，泛青光，部分背鳞上有深黑色点，略缀成纵行；腹鳞朱红色，两外侧各有一深黑色点斑，缀连呈断续点线；颈侧各有一黄白色斑，尾基两侧也各有一黄白色斑，尾腹面正中有一条短黑色纵线；眼虹膜颜色与背鳞色一致。

**生态学信息：** 分布于300～1 200m的低山丘陵，隐匿在地表之下，晚上或雨天到地面活动；以蚯蚓或昆虫幼虫为食；无毒；卵生。

**濒危和保护等级：** 无危（LC）。

| 有鳞目 | 水游蛇科 | 腹链蛇属 |
| --- | --- | --- |
| **Squamata** | **Natricidae** | ***Amphiesma*** |

# 51 草腹链蛇

拉丁学名：*Amphiesma stolatum* 英文名：Buff Striped Keelback

丁国骅 摄

**形态特征：**中等体型的具腹链的无毒蛇；头背暗褐色略带红，吻端及上唇色白，部分上唇鳞沟色黑；头腹白色，偶有褐色点斑；背面棕褐色；腹鳞白色，两外侧（特别是躯干前部）多有黑褐点斑，前后缀连成链纹；尾腹面白色无斑。

**生态学信息：**分布于海拔 1 900m 以下的平原、丘陵及低山地区；常见于河边、山坡、路旁、耕地、谷草堆、院内、住宅附近，甚至树上，常在稻田或其他静水水域中游泳，或在田埂、草丛中伺机捕食；以蛙为食；无毒；卵生，6 月中旬产卵。

**濒危和保护等级：**无危（LC）。

草腹链蛇

| 有鳞目 | 水游蛇科 | 东亚腹链蛇属 |
|---|---|---|
| **Squamata** | **Natricidae** | ***Hebius*** |

# 52 锈链腹链蛇

拉丁学名：*Hebius craspedogaster*　英文名：Kuatun Keelback

**形态特征**：中等体型的半水栖具腹链的无毒蛇；头颈可以区分，瞳孔圆形；头枕部两侧有 1 对椭圆形黄色枕斑；躯尾背面黑褐色，两侧各有 1 行浅黄色纵纹，沿此纵纹可看出 1 列铁锈色点斑；腹面淡黄色，有腹链纹，组成腹链的黑点窄长，前后几乎相接，左右腹链之间无斑。

**生态学信息**：分布于海拔 600 ～ 1 800 m 的山区、丘陵地带，栖息于常绿阔叶林下，常见于各种水域（如水田、稻田、井边、水沟、河流附近）中或路边、草丛、石砾、落叶丛中，白天活动；以蛙、蟾、蝌蚪、小鱼为食；无毒；卵生。

**濒危和保护等级**：无危（LC）。

| 有鳞目 | 水游蛇科 | 颈棱蛇属 |
| --- | --- | --- |
| **Squamata** | **Natricidae** | ***Pseudagkistrodon*** |

# 53 颈棱蛇

拉丁学名：*Pseudagkistrodon rudis* 英文名：Red Keelback

丁国骅 摄

**形态特征：**中等体型的无毒蛇；头大，略呈三角形；体较粗壮尾较短；受惊扰时，颈部肌肉收缩，颌骨后端扩张；体尾背面黄褐色，有若干略近方形或椭圆形的黑褐色大斑块；尾背黑褐色斑变窄长；腹面黄褐色，散有黑色斑纹；头背黑褐色；吻端经鼻孔、眼到颌角有一条细黑直线。

**生态学信息：**分布于海拔 600 ～ 2 600m 的山区，多见于山坡草丛、溪畔、干涸山沟内公路旁、草灌丛或乱石堆中。以蛙、蟾蜍为食，也吃蜥蜴等；无毒；卵胎生，7—9 月产仔。

**濒危和保护等级：**无危（LC）。

| 有鳞目 | 水游蛇科 | 颈槽蛇属 |
|---|---|---|
| **Squamata** | **Natricidae** | ***Rhabdophis*** |

# 54 红脖颈槽蛇

拉丁学名：*Rhabdophis subminiatus* 英文名：Red-necked Keelback

丁国骅 摄

**形态特征**：小中体型的后沟毒牙类毒蛇；全长为50cm以下；颈背正中有一纵行浅凹槽；通体背面橄榄绿或草绿色；颈区及体前段鳞片间皮肤腥红色；躯尾腹面灰白或灰绿色，散以粉褐色细点，前后两枚腹鳞之间黑褐色；头部上唇鳞色稍浅。

**生态学信息**：分布于1 200～3 200m的山区，常在河谷坝区的水稻田、缓流及池塘中活动捕食，白天活动，多发现于农耕区的水沟附近；以蛙类为食；低毒；卵生，6—7月产卵。

**濒危和保护等级**：无危（LC）。

| 有鳞目 | 水游蛇科 | 颈槽蛇属 |
| --- | --- | --- |
| **Squamata** | **Natricidae** | ***Rhabdophis*** |

# 55 虎斑颈槽蛇

拉丁学名：*Rhabdophis tigrinus* 英文名：Tiger Keelback

高 凡 摄

**形态特征：**中等体型的后沟毒牙类毒蛇；躯干前段两侧有粗大的黑色与橘红色斑块相间排列；眼色斑躯尾背面翠绿色或草绿色，躯干前段两侧有粗大的黑色与橘红色斑块相间排列，后段犹可见黑色斑块，橘红色则渐趋消失；尾腹面黄绿色，腹鳞游离缘的颜色稍浅；头背绿色，上唇鳞污白色，鳞沟色黑，眼正下方及斜后方各有一条黑纹最粗；头腹面白色。

**生态学信息：**分布于 30 ～ 2 200m 的山地、丘陵、平原地区，栖息于河流、湖泊、水库、水渠、稻田附近；以蛙、蟾蜍、蝌蚪和小鱼为食，也吃昆虫、鸟类、鼠类；低毒；卵生，6—7 月产卵。

**濒危和保护等级：**无危（LC）。

高 凡 摄

高凡摄

野泉摄

| 有鳞目 | 水游蛇科 | 渔游蛇属 |
| --- | --- | --- |
| **Squamata** | **Natricidae** | ***Fowlea*** |

# 56 黄斑渔游蛇

拉丁学名：*Fowlea flavipunctatus*　英文名：Yellow-Spotted Keelback

**形态特征**：中等大小体型的半水栖无毒蛇；头颈区分明显；瞳孔圆形；鼻间鳞前端较窄，鼻孔背侧位；上唇鳞色白，眼后下方有两条黑色细线纹分别斜达上唇缘和口角；腹面色白，每一腹鳞基部色黑，形成整个腹面黑白相间的横纹；背面橄榄绿色，前段两侧隐约可见数行黑色棋斑，由于体侧许多背鳞边缘色黑，又形成体侧许多黑横纹，眼后下方有两条黑色细线纹。

**生态学信息**：栖息于海拔 1 200m 以下的平原、丘陵或低山地区，多出没于潮湿多水草的地方，如田边、水塘、水坑、水沟或路边草丛、山野房舍院内；以鱼、蛙、蝌蚪、蛙卵、蜥蜴、小型兽类等为食；无毒；卵生，5—7 月产卵。

**濒危和保护等级**：无危（LC）。

| 有鳞目 | 水游蛇科 | 后棱蛇属 |
| --- | --- | --- |
| Squamata | Natricidae | *Opisthotropis* |

# 57 挂墩后棱蛇

拉丁学名：*Opisthotropis kuatunensis*　英文名：Chinese Mountain Keelback

**形态特征：**中等偏小体型的水栖无毒蛇；前额鳞单枚；鼻间鳞较窄，鼻孔背侧位；背鳞通身 19 行，强烈起棱；上唇鳞 13 ～ 16，后数枚横裂为上下两片；体尾背面黄褐色，上半和下半黑褐色；腹鳞均土黄色且无斑。

**生态学信息：**分布于海拔 600 ～ 1 100m 的山区，常见于林下流溪水中或石下，夜间活动；以水生环节动物或小型鱼类为食；无毒；卵生。

**濒危和保护等级：**无危（LC）。

绫 波 摄

| 有鳞目 | 水游蛇科 | 后棱蛇属 |
| --- | --- | --- |
| **Squamata** | **Natricidae** | ***Opisthotropis*** |

# 58 山溪后棱蛇

拉丁学名：*Opisthotropis latouchii* 英文名：Sichuan Mountain Keelback

**形态特征**：中等偏小体型的无毒蛇；背面呈多条黑黄相间的纵纹；体尾背面呈黑黄相间的多条纵纹，腹面浅黄白色；鳞被颊鳞入眶；背面橄榄棕色、橄榄灰色、棕黄色或黑灰色，每枚鳞片中央黄白色而鳞缝黑色，因此形成黄白色与黑色相间的纵纹；腹面淡黄色或灰白色无斑，尾下正中色深形成黑纵纹。

**生态学信息**：分布于海拔 600 ～ 1 400m 的山地、丘陵，生活习性为半水生，通常栖息于山溪中以及喜潜伏岩石、石砾及腐烂植物下，也见于水沟或稻田附近；以水生环节动物为食；无毒；卵生。

**濒危和保护等级**：无危（LC）。

| 有鳞目 | 水游蛇科 | 环游蛇属 |
| --- | --- | --- |
| **Squamata** | **Natricidae** | ***Trimerodytes*** |

# 59 环纹华游蛇

拉丁学名：*Trimerodytes aequifasciatus* 英文名：Asiatic Annulate Keelback

绫 波 摄

**形态特征**：体型较粗大的水栖无毒蛇；体侧有黑色“X”形斑；色斑躯尾背面基色棕褐，体侧及腹面基色黄白，环纹镶黑色或黑褐色边，中央绿褐色；头背灰褐色，或上唇鳞稍浅淡；头腹面灰白色，或下唇鳞灰褐色；亚成体环纹清晰鲜明。

**生态学信息**：分布于海拔 2 000m 以下的平原、丘陵或山区；常见于地形比较开阔的较大溪流中，溪内大石较多，有时会攀缘到溪岸灌木上，如遇惊扰立即潜入水下石缝中；以鱼类为食；无毒；卵生。

**濒危和保护等级**：近危（NT）。

绫 波 摄

绫 波 摄

绫 波 摄

| 有鳞目 | 水游蛇科 | 环游蛇属 |
| --- | --- | --- |
| **Squamata** | **Natricidae** | ***Trimerodytes*** |

# 60 赤链华游蛇

拉丁学名：*Trimerodytes annularis*　英文名：Red-bellied Annulate Keelback

**形态特征**：中等体型的水栖无毒蛇；通身环纹之间红色，尤以腹面环纹间红色最明显；色斑躯尾背面灰褐，体侧略浅淡，腹面除环纹外其余部分为橘红或橙黄色；头背暗褐色，上唇鳞黄白色，头背及上唇鳞各鳞沟黑色；头腹面白色，下唇鳞的部分鳞沟黑色。

**生态学信息**：分布于海拔 100 ～ 1 000m 的平原、丘陵或山区，常见于稻田、池塘、流溪等水域及其附近，白天活动；以鱼类（如泥鳅、黄鳝等）、蛙类等为食；无毒；卵胎生，9 月前后产仔。

**濒危和保护等级**：近危（NT）。

绫 波 摄

王聿凡 摄
王聿凡 摄

| 有鳞目 | 水游蛇科 | 环游蛇属 |
| --- | --- | --- |
| **Squamata** | **Natricidae** | ***Trimerodytes*** |

# 61 乌华游蛇

拉丁学名：*Trimerodytes percarinatus*　英文名：Olive Annulate Keelback

**形态特征：** 中等体型的水栖无毒蛇；体尾有几十个环纹，与赤链华游蛇的区别在于本种腹面不呈橘红色或橙黄色；躯尾背面暗橄榄绿，体侧橘红，有明显的黑褐环纹；背面由于基本色调较深，环纹模糊不清，体侧则清晰可数，一般均呈“Y”形；腹面灰白色。

**生态学信息：** 分布于海拔 100 ～ 1 700m 的平原、丘陵或山区，常见于稻田、水坑、流溪、大河等各种水域及其附近；以鱼类、蛙类、蝌蚪、蝼蛄等为食；无毒；卵生，8—9 月产卵。

**濒危和保护等级：** 近危（NT）。

绫 波 摄

绫波 摄

| 有鳞目 | 斜鳞蛇科 | 斜鳞蛇属 |
| --- | --- | --- |
| **Squamata** | **Pseudoxenodontidae** | ***Pseudoxenodon*** |

# 62 横纹斜鳞蛇

拉丁学名：*Pseudoxenodon bambusicola* 英文名：Bamboo Snake

黄琰彬 摄

**形态特征：**中等体型的无毒蛇；头背有一尖端向前的黑色箭形斑，其后分叉成两纵线沿颈侧向后延伸约一头半长，再弯至体背成一环，但个别标本无此环；背面黄褐色或紫灰色，有黑色粗大横纹，两两横纹之间有背鳞边缘色黑缀成的不规则黑色网纹；腹面黄白色，前部往往有深褐色横纹或点斑。

**生态学信息：**分布于海拔 1 200m 以下的山区，栖息于森林、竹林、草丛、路边或流溪附近，白天活动；以蛙类为食；无毒；卵生。

**濒危和保护等级：**无危（LC）。

高 凡 摄

黄琰彬 摄

| 有鳞目 | 斜鳞蛇科 | 斜鳞蛇属 |
| --- | --- | --- |
| Squamata | Pseudoxenodontidae | *Pseudoxenodon* |

# 63 崇安斜鳞蛇

拉丁学名：*Pseudoxenodon karlschmidti* 英文名：Chinese Bamboo Snake

钟俊杰 摄

形态特征：中等体型的无毒蛇；颈背有一尖端向前的粗大黑色箭形斑，该斑两前缘镶一极细的白边是其典型特征；背面色泽变异颇大，背鳞是或深或浅的褐色，杂以深色边缘形成的斑纹，由 4 个黑色斑围成浅色略呈窄长椭圆形的横斑；腹面基本呈灰白色；头背灰褐而带土红，无斑，上唇鳞色浅，部分鳞沟色黑褐。

生态学信息：分布于海拔 500 ～ 1 200m 的山区，栖息于林下、灌木草丛、路旁、流溪边、耕地、茶山、烂树根下或腐叶堆中；以蛙类为食；无毒；卵生。

濒危和保护等级：无危（LC）。

| 有鳞目 | 斜鳞蛇科 | 斜鳞蛇属 |
| --- | --- | --- |
| **Squamata** | **Pseudoxenodontidae** | ***Pseudoxenodon*** |

## 64 大眼斜鳞蛇

拉丁学名：*Pseudoxenodon macrops*　英文名：Big-eyed Bamboo Snake

**形态特征**：中等体型的无毒蛇；颈背有一尖端向前的粗大黑色箭形斑，该斑两前缘未镶白边；遇惊扰常扁平其身体，呼呼作响，故有“气扁蛇”之名；握手中有特殊难闻的气味；斑体尾背面鳞片棕褐，腹面玉白色，相互组合成大黄褐色斑；头背黄褐无斑，或组成略似“W”形色斑，抑或是头顶有两条黑色横纹，其间形成一道宽度相当于顶鳞长的浅色横斑。

**生态学信息**：分布于海拔 1500 ～ 2 000m 的山区，栖息于树林边缘、灌丛、草地和农田，多见于水域附近，与食性有关；以蛙类为食；无毒；卵生。

**濒危和保护等级**：无危（LC）。

王聿凡 摄

王聿凡 摄

| 有鳞目 | 斜鳞蛇科 | 斜鳞蛇属 |
| --- | --- | --- |
| Squamata | Pseudoxenodontidae | *Pseudoxenodon* |

# 65 纹尾斜鳞蛇

拉丁学名：*Pseudoxenodon stejnegeri*　英文名：Stejneger's Bamboo Snake

**形态特征**：中等体型的无毒蛇；颈背有一尖端向前的粗大黑色箭形斑，该斑两前缘未镶白边；尾背有黑色线纹，此黑色线纹向体背延伸；腹面前部灰白色而有黄褐色方斑，后段色渐深，到尾前腹鳞两侧的黑色亦汇合成黑色纵纹；头背灰褐色，散有黑褐点。

绫 波 摄

**生态学信息**：分布于海拔400～2 100m林木繁盛的山区，多见于水域附近；以蛙类为食；无毒；卵生。

**濒危和保护等级**：无危（LC）。

绫 波 摄

绫 波 摄

纹尾斜鳞蛇

幼体/高 凡 摄

| 有鳞目 | 剑蛇科 | 剑蛇属 |
| --- | --- | --- |
| Squamata | Sibynophiidae | *Sibynophis* |

# 66 黑头剑蛇

拉丁学名：*Sibynophis chinensis* 英文名：Chinese Many-tooth Snake

**形态特征**：体形细长的小体型无毒蛇；尾具缠绕性；通身背面棕褐色；头背有1黑斑，上唇白色；背脊有1条黑色纵纹；背面棕褐色，颈背及稍后的正中有1不十分明显的黑色纵线；各腹鳞的点斑前后缀连成黑色“虚线”（腹链纹）。

**生态学信息**：分布于海拔400～2 000m的平原、丘陵和山区，常见于路边、河边或茶山草丛中，也见于林下或山林中的石块附近；以蜥蜴为食，也吃蛙、蛇等；无毒；卵生，7—8月产卵。

**濒危和保护等级**：无危（LC）。

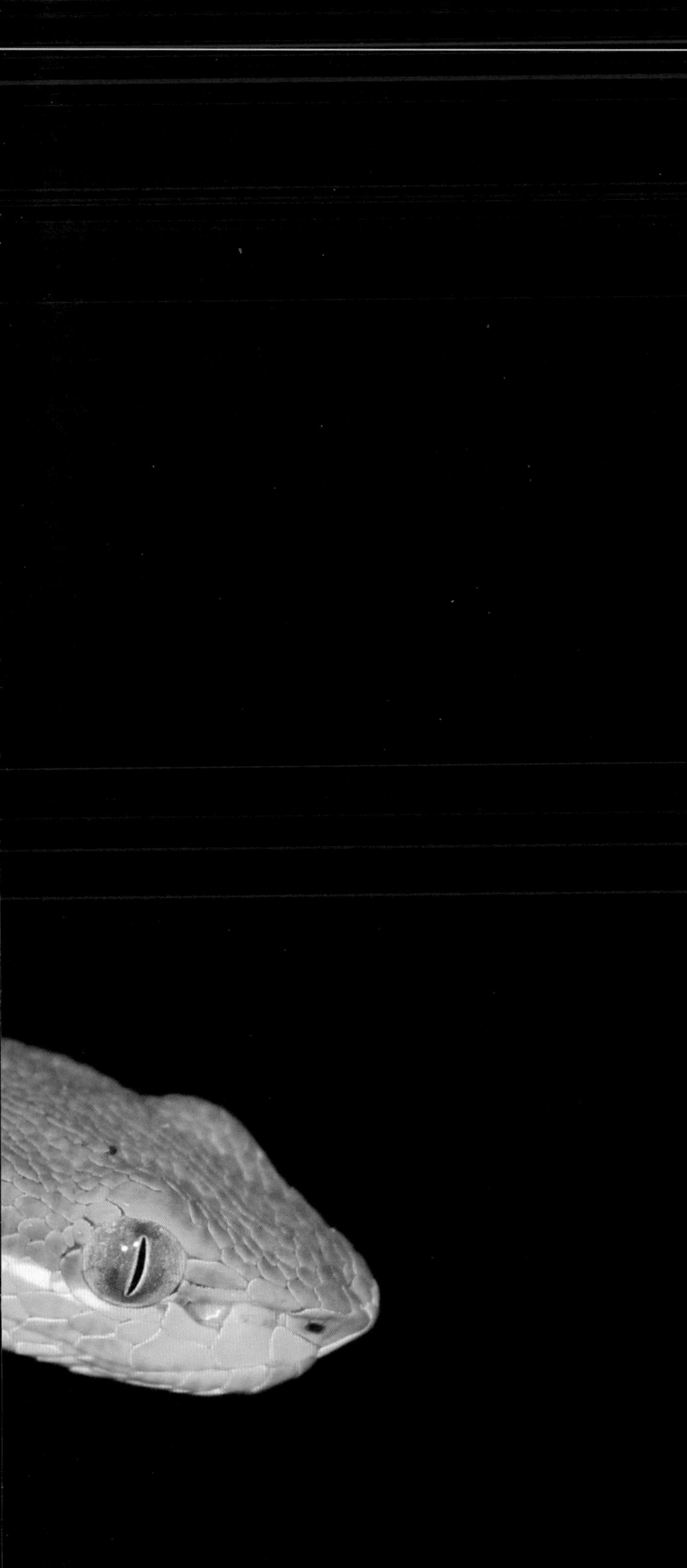

# 附　录

## APPENDIX

# 附录 1

# 中文名索引

附录 2

# 拉丁学名索引

附录 3

# 英文名索引

# 参考文献

费梁，叶昌媛，江建平，2012. 中国两栖动物及其分布彩色图鉴 [M]. 成都：四川科学技术出版社 .

福建省人民政府，1993. 福建省人民政府关于印发《福建省重点保护野生动物名录》的通知 [R]. 闽政 [1993]31 号 .

国家林业和草原局，农业农村部，2021. 国家重点保护野生动物名录 [EB/OL].（2021-02-05）[2021-06-17]. http：//www.forestry.gov.cn/main/5461/20210205/122418860831352.html.

江建平，谢锋，2021. 中国生物多样性红色名录：脊椎动物　第四卷　两栖动物（上下册）[M]. 北京：科学出版社 .

林鹏，李振基，张健，2005. 福建君子峰自然保护区综合科学考察报告 [M]. 厦门：厦门大学出版社 .

王剀，任金龙，陈宏满，等，2020. 中国两栖、爬行动物更新名录 [J]. 生物多样性，28：189-218.

王跃招，2021. 中国生物多样性红色名录：脊椎动物　第三卷　爬行动物（上下册）[M]. 北京：科学出版社 .

吴延庆，陈巧尔，陈智强，等，2019. 江西永丰发现长肢林蛙 [J]. 动物学杂志，54：454-456.

张孟闻，宗愉，马积藩，1998. 中国动物志　爬行纲　第一卷　总论　龟鳖目　鳄形目 [M]. 北京：科学出版社 .

赵尔宓，赵肯堂，周开亚，1999. 中国动物志　爬行纲　第二卷　有鳞目　蜥蜴亚目 [M]. 北京：科学出版社 .

赵尔宓，2006. 中国蛇类 [M]. 合肥：安徽农业科学技术出版社 .

中国科学院昆明动物研究所，中国两栖类，2021. 中国两栖类信息系统 [EB/OL].（2021-08-15）[2021-08-13]. http://www.amphibiachina.org/.

FROST D R, 2021. Amphibian sppecies of the world 6.1, an online reference[EB/OL]. New York：American Museum of Natural History.（2021-08-15）[2021-08-15]. https://amphibiansoftheworld.amnh.org/.

UETZ, P, FREED P, AGUILAR R, et al., 2021. The Reptile Database[EB/OL].（2021-08-15）[2021-05-22]. http://www.reptile-database.org.